Études de l'OCDE sur la croissance verte

La croissance verte dans les pêches et l'aquaculture

OCDE
DES POLITIQUES MEILLEURES
POUR UNE VIE MEILLEURE

Cet ouvrage est publié sous la responsabilité du Secrétaire général de l'OCDE. Les opinions et les interprétations exprimées ne reflètent pas nécessairement les vues officielles des pays membres de l'OCDE.

Ce document et toute carte qu'il peut comprendre sont sans préjudice du statut de tout territoire, de la souveraineté s'exerçant sur ce dernier, du tracé des frontières et limites internationales, et du nom de tout territoire, ville ou région.

Merci de citer cet ouvrage comme suit :
OCDE (2015), *La croissance verte dans les pêches et l'aquaculture*, Études de l'OCDE sur la croissance verte, Éditions OCDE, Paris.
http://dx.doi.org/10.1787/9789264248397-fr

ISBN 978-92-64-24838-0 (imprimé)
ISBN 978-92-64-24839-7 (PDF)

Série : Études de l'OCDE sur la croissance verte
ISSN 2222-9531 (imprimé)
ISSN 2222-954X (en ligne)

Les données statistiques concernant Israël sont fournies par et sous la responsabilité des autorités israéliennes compétentes. L'utilisation de ces données par l'OCDE est sans préjudice du statut des hauteurs du Golan, de Jérusalem-Est et des colonies de peuplement israéliennes en Cisjordanie aux termes du droit international.

Crédits photo : Couverture © design by Advitam for the OECD

Les corrigenda des publications de l'OCDE sont disponibles sur : *www.oecd.org/about/publishing/corrigenda.htm*.

Avant-propos

La capacité de production de la pêche et de l'aquaculture dépend directement de l'environnement naturel. Pour les décideurs de ces deux secteurs, atteindre les objectifs économiques et sociaux en tenant compte des limites biologiques naturelles de la ressource soulève des difficultés. Parvenir à ces fins est un thème de travail majeur pour le Comité des pêcheries de l'OCDE.

L'OCDE s'emploie à faciliter les réformes pour promouvoir la croissance durable. En mai 2011, à l'occasion de la réunion du Conseil au niveau des Ministres qui a célébré son 50e anniversaire, elle a lancé sa Stratégie pour une croissance verte (SCV), qui vise à aider les responsables de l'action publique et les parties prenantes à relever les principaux défis environnementaux du monde d'aujourd'hui tout en élargissant les opportunités économiques. Cette stratégie définit des principes de réforme ainsi qu'une feuille de route devant permettre de concrétiser la réforme de manière fructueuse et durable. Le présent rapport associe les acquis du COFI dans le secteur des pêches et la structure de la SCV, afin que les décideurs bénéficient de conseils pratiques.

Les secteurs halieutique et aquacole font face à de nombreuses difficultés. Beaucoup de pêches sont trop intensives et surcapitalisées, et souffrent de faibles rendements et de perspectives limitées. L'aquaculture s'est considérablement développée, mais la croissance future du secteur est menacée par les répercussions environnementales de la production, sa dépendance vis-à-vis du poisson fourrage d'origine sauvage et la concurrence pour l'espace. Pour résoudre ces problèmes, ces secteurs devront appliquer des réformes qui les mèneront vers une croissance plus verte et une viabilité à long terme.

Le poisson représente 20 % environ des protéines animales consommées dans le monde et joue un rôle important dans la sécurité alimentaire et la nutrition. L'activité qu'il engendre occupe une place disproportionnée dans les zones rurales et côtières où les débouchés économiques sont limités, en particulier dans les pays en développement. Assurer l'avenir des ressources halieutiques et de la pêche est nécessaire pour nourrir une population toujours plus nombreuse et offrir des perspectives économiques y compris à ceux qui en ont le plus besoin.

Les changements nécessaires sont possibles, et dans de nombreux endroits, ils sont déjà une réalité. Utiliser le pouvoir des marchés et des échanges pour assainir les fondations économiques du secteur présente des avantages manifestes, et on ne peut réfuter les observations selon lesquelles l'instauration de cadres de gouvernance rationnels conduit à la reconstitution biologique des stocks et au redressement économique des pêches. Partout dans le monde, les pêcheurs tirent des enseignements des expériences réussies, de plus en plus nombreuses, et adoptent ainsi de nouvelles approches.

Le potentiel des secteurs halieutique et aquacole est considérable. À l'échelle mondiale, une meilleure gestion des pêches pourrait accroître les profits des pêcheurs de plus de 50 milliards USD par an et procurer 13 % de poisson supplémentaires aux consommateurs. La production aquacole pourrait enregistrer une hausse de plus d'un tiers au cours des dix prochaines années, si les obstacles à sa progression étaient levés. Le présent rapport contribuera à accélérer le processus d'évolution en mettant en lumière les facteurs de réussite et en utilisant l'atout des analyses de l'OCDE, fondées sur des données probantes, pour prodiguer des conseils utiles.

Il est urgent de créer un cadre d'action et de gouvernance favorable aux secteurs halieutique et aquacole. En agissant ensemble, nous pouvons donner l'impulsion nécessaire à un changement fondamental.

Remerciements

Ce rapport a bénéficié des contributions d'un grand nombre d'auteurs et des conseils et suggestions de nombreux délégués auprès du Comité des pêcheries de l'OCDE. Notre reconnaissance va notamment à Kieran Kelleher pour ses travaux sur les déchets dans le secteur de la pêche, à Claude Menard pour ceux sur la gouvernance et aux précieux éclairages apportés par Josh Abbot. Carl-Christian Schmidt est l'auteur principal du chapitre 1, Roger Martini est l'auteur du chapitre 2 et Dong-Sik Woo a rédigé le chapitre 3. Le projet a été encadré par Carl-Christian Schmidt, qui a également fourni une aide rédactionnelle. Roger Martini a mis en forme le texte pour publication et s'est chargé de regrouper les travaux, élaborés séparément, dans un seul document. Claire Delpeuch et Lae-Hyung Hong ont formulé des commentaires sur les versions précédentes de ce rapport. Michèle Patterson a prêté son concours à l'édition du document et prodigué ses encouragements, et les membres de la Direction des relations extérieures et de la communication de l'OCDE ont fourni bon nombre de conseils et leur appui pour la production du rapport final. Enfin, Stefanie Milowski a apporté un précieux soutien administratif.

Abréviations

AGNU	Assemblée générale des Nations Unies
CCR	conseil consultatif régional (Union européenne)
CIEM	Conseil international pour l'exploration de la mer
COFI	Comité des pêcheries de l'OCDE
EPA	Agence pour la protection de l'environnement (États-Unis)
FAO	Organisation des Nations Unies pour l'alimentation et l'agriculture
GES	gaz à effet de serre
IFFO	Organisation internationale de la farine et de l'huile de poisson
MPO	Pêches et Océans Canada (gouvernement fédéral)
NMFS	National Marine Fisheries Service (agence de la NOAA chargée des pêches – États-Unis)
NOAA	National Oceanographic and Atmospheric Administration (États-Unis)
NRDC	Natural Resources Defence Council
ONG	organisation non gouvernementale
ORGP	organisation régionale de gestion des pêches
PCP	politique commune de la pêche de l'Union européenne
pêche INN	pêche illicite, non déclarée et non réglementée
PIAAM	Programme d'innovation en aquaculture et d'accès aux marchés (Canada)
PNUE	Programme des Nations Unies pour l'environnement
PUE	prise par unité d'effort
QIT	quota individuel transférable
RCM	Réunion du Conseil de l'OCDE au niveau des Ministres
REM	rendement économique maximal (niveau de prélèvements optimisant les profits des pêcheurs dans le temps)
RMD	rendement maximal durable (niveau de prélèvements optimisant la quantité de poisson dans le temps)
SCS	suivi, contrôle et surveillance
SCV	Stratégie de l'OCDE pour une croissance verte
TAC	total admissible de capture
TFP	transferts financiers publics
UNCLOS	Convention des Nations Unies sur le droit de la mer
ZEE	zone économique exclusive (zone de 200 milles nautiques)

Table des matières

Tableaux

Graphiques

Encadrés

Résumé

Une approche systématique et inclusive de la croissance verte

La croissance verte consiste à favoriser l'expansion et le développement économiques tout en faisant en sorte que les actifs naturels continuent de procurer les ressources et les services environnementaux sur lesquels repose notre bien-être. La Stratégie de l'OCDE pour une croissance verte décrit une feuille de route en cinq étapes dans le but de mettre en place des réformes durables favorables à la croissance. Les premières étapes du processus consistent à préparer la voie au changement, à lever les obstacles à la réforme, à instaurer un nouveau cadre d'action et, au final, à mesurer les résultats et établir un bilan. Pour respecter cette feuille de route, il faut que les politiques relatives aux secteurs de la pêche et de l'aquaculture traitent de façon plus systématique de la mise en évidence des risques, de l'utilisation des instruments économiques et de la mise en place d'institutions comptables de leurs actions. Il faut par ailleurs que ce processus vise et embrasse un plus large éventail de populations tributaires des secteurs halieutique et aquacole. Cela nécessitera entre autres d'investir dans l'amélioration des données et dans la recherche scientifique, pour faciliter la gestion d'un système plus complexe, tout en bâtissant des réseaux afin d'assurer que l'action est cohérente et inclusive.

La pêche a besoin de réformes favorisant une gestion efficiente, efficace et inclusive

Les actions concrètes à mener pour parvenir à une croissance verte sont les suivantes : reconstituer les stocks pour redonner tout leur potentiel aux pêches, veiller à ce que les systèmes de gestion contrôlent efficacement les prélèvements et maximiser la valeur de l'activité pour les pêcheurs et la société. Une attention particulière doit être accordée à la gestion des stocks, pierre angulaire d'une utilisation durable. En outre, il est essentiel de gérer la qualité de l'écosystème (biodiversité, habitat et pollution) pour faire en sorte que la ressource et son habitat au sens large soient aussi productifs que possible. De plus en plus diverse et intensive, l'utilisation de l'espace maritime oblige à atténuer les effets des différents usages les uns sur les autres et à assurer la cohérence de l'action entre domaines d'intervention, moyennant une approche cohérente et inclusive de la gestion des ressources marines.

Il existe plusieurs possibilités pour développer la pêche tout en respectant les limites naturelles de l'écosystème. On estime ainsi que les prélèvements pourraient être accrus de 13 % en volume et les profits d'au moins 50 milliards USD par an si tous les stocks épuisés étaient reconstitués et gérés avec efficience. De plus, dans certaines pêches, les rejets en mer et les pertes au cours de la transformation représentent jusqu'à 40 % des captures. Mettre fin à la « course au poisson » grâce à une meilleure gestion peut nettement améliorer l'efficacité énergétique du secteur, et donc réduire son empreinte carbone et ses coûts de production.

L'aquaculture a besoin d'un environnement porteur qui remédie aux externalités

Le secteur de l'aquaculture a connu une croissance exceptionnelle qui a fait de lui la principale source de poissons, mollusques et crustacés pour les consommateurs aujourd'hui. L'enjeu de cette activité consiste à poursuivre son expansion malgré les limites environnementales, spatiales et juridiques. Les pouvoirs publics devront trouver des solutions innovantes et il faudra que le rôle futur de l'aquaculture soit mieux accepté par les parties prenantes. L'aquaculture de demain produira davantage dans moins d'espace, sera moins tributaire du poisson fourrage d'origine sauvage, sera moins polluante et se conjuguera mieux avec les autres activités côtières. Cela passera par de nouvelles technologies innovantes associées à des conditions favorables pour faire ressortir les solutions inédites donnant satisfaction à plusieurs catégories d'utilisateurs tributaires de l'environnement marin.

Dans les pays membres de l'OCDE, en particulier, le paysage réglementaire a une forte influence sur la croissance future du secteur. Les plans d'aménagement du territoire, l'innovation institutionnelle, la certification et l'aménagement de l'espace sont autant de méthodes qui permettraient d'améliorer les perspectives de l'aquaculture. Notamment, les approches fondées sur le marché peuvent aider à faire en sorte que les producteurs les plus efficients aient la possibilité de se développer, que l'espace maritime soit affecté aux meilleurs usages possibles et que l'aquaculture attire les investissements dans la production et l'innovation.

La réussite future nécessite d'adopter un point de vue plus large

Le point commun à ces deux secteurs par ailleurs très différents est la nécessité de prendre en compte toute l'économie maritime et tout l'environnement marin dans la planification. Il faut donc investir dans la recherche scientifique et dans la capacité de l'utiliser efficacement dans les processus de décision. Élaborer des indicateurs performants est un bon moyen de convertir les informations scientifiques en instruments utilisables.

Orientations

- Il convient d'adopter une approche qui mobilise l'ensemble de l'administration dans la définition de l'action publique en général, en utilisant des critères de réussite clairs et mesurables et en considérant la croissance verte comme une opportunité d'évaluer et d'améliorer en permanence les politiques. Les responsables de l'action publique doivent notamment s'assurer de la cohérence entre les politiques de la pêche et de l'aquaculture.
- Les institutions chargées de la gestion des pêches doivent appliquer une méthode rigoureuse qui s'appuie avant tout sur la science et les données pour gérer les stocks de façon durable. À mesure que s'étendent nos connaissances sur l'environnement marin, il convient de prendre en considération les écosystèmes dans la gestion des stocks.
- La seule voie menant à une croissance continue malgré les limites biologiques naturelles de la ressource halieutique est l'amélioration de l'efficience. Cela exige que toutes les composantes du secteur, qu'elles relèvent du public ou du privé, soient innovantes et dynamiques. Des politiques visant à améliorer la productivité et la résilience de la pêche et de l'aquaculture peuvent aussi contribuer à repousser ces limites au fil du temps.
- Les pouvoirs publics doivent jouer leur rôle de facilitateurs de la croissance verte en supprimant les obstacles au changement, en soutenant l'innovation et en utilisant la puissance des marchés pour aider à maximiser la rentabilité.
- La participation de l'ensemble des parties prenantes peut favoriser la conception de politiques publiques plus réfléchies et plus efficaces, améliorer leur mise en œuvre et inciter chacun à les respecter. Dans la pratique, il faut que les rôles soient clairement définis et que des procédures d'appel des décisions existent.
- L'aménagement de l'espace maritime peut réduire l'incertitude, faciliter l'investissement, prendre en considération la préservation de l'environnement et éviter les différends entre utilisateurs.
- La fiabilité des statistiques compte beaucoup pour la bonne gestion. Les pouvoirs publics devraient s'assurer que leur système de collecte de données est efficace par rapport à son coût et adapté aux besoins.
- Parallèlement à l'amélioration des statistiques, il convient de mettre au point des cadres de surveillance et d'évaluation efficaces, afin de s'assurer que les mesures sont prises et produisent

des effets concrets et bénéfiques. Les leçons tirées peuvent être utiles aux pays où la réflexion sur une stratégie pour une croissance verte n'a pas encore abouti (grâce au partage de l'expérience) et peuvent être à l'origine de bonnes pratiques.

- Le partage à l'échelle internationale des bonnes pratiques d'élevage en aquaculture, des politiques publiques ou des dispositifs institutionnels peut aider les exploitations et les pays à prendre le chemin de la croissance verte. Une aide particulière peut s'avérer nécessaire pour les pays en développement.
- Une réglementation plus efficace et efficiente, qui crée les incitations adéquates, peut être source de croissance. Remédier efficacement aux externalités environnementales est essentiel pour libérer le potentiel de croissance du secteur.

Chapitre 1

La croissance verte dans l'économie bleue : intégrer pêche, aquaculture et environnement

Ce chapitre présente à grands traits les secteurs halieutique et aquacole, en mettant en évidence certaines de leurs principales interactions et les difficultés auxquelles ils vont être confrontés l'un et l'autre. Il en ressort que, si des réformes sont menées selon les orientations définies dans la Stratégie de l'OCDE pour une croissance verte, ces secteurs ont de bonnes chances d'afficher une croissance soutenue. Des pêches bien gérées peuvent générer chaque année des milliards supplémentaires en valeur et des millions de tonnes supplémentaires en volume, tandis que l'aquaculture est à même de connaître une croissance forte et continue pour satisfaire les besoins alimentaires d'une population mondiale en expansion. Pour que ces promesses de la croissance verte deviennent réalité dans les secteurs de la pêche et de l'aquaculture, il convient d'adopter une stratégie publique intégrée qui prenne en compte l'ensemble de « l'économie bleue » des espaces marins et côtiers et qui puisse être évaluée au regard d'objectifs clairs et mesurables.

Vue d'ensemble des secteurs halieutique et aquacole

La demande mondiale de produits halieutiques s'est accrue au cours des dernières décennies, et cette tendance devrait se poursuivre du fait de la croissance démographique et de l'augmentation des richesses, ainsi que d'une préférence de plus en plus marquée pour une alimentation saine (Garcia et Rosenberg, 2010). Dans la mesure où la production de la pêche comporte des limites naturelles, il est clair que la hausse future de la demande de poissons devra être satisfaite en grande partie par l'aquaculture (Bostock et al., 2010) (graphique 1.1). En 2021, la production mondiale de la pêche et de l'aquaculture devrait atteindre quelque 172 millions de tonnes, soit une progression de 15 % par rapport à la moyenne de 2009-11. Selon les Perspectives agricoles de l'OCDE et de la FAO, l'aquaculture devrait connaître une croissance de 38 % d'ici à 2023 (par rapport à l'année de référence de 2013), contre 2 % pour la pêche (OCDE/FAO, 2014).

Partout ou presque, les populations s'inquiètent de la viabilité de l'activité halieutique, souvent à raison. Les faits montrent que plus d'un quart des stocks sont surexploités, les autres étant de plus en plus exploités au maximum de leur capacité (graphique 1.1). D'où la conclusion que les stocks halieutiques sont soumis à une pression significative, voire excessive. Ils ne sont toutefois pas les seuls menacés. Des techniques de pêche nuisibles peuvent avoir des répercussions négatives sur les environnements aquatiques et porter atteinte aux espèces non ciblées. Ces répercussions négatives sur l'environnement marin sont inquiétantes à plusieurs titres, mais diminuent au final la capacité des océans à produire les ressources halieutiques que recherchent les pêcheurs.

Graphique 1.1. État d'exploitation des stocks

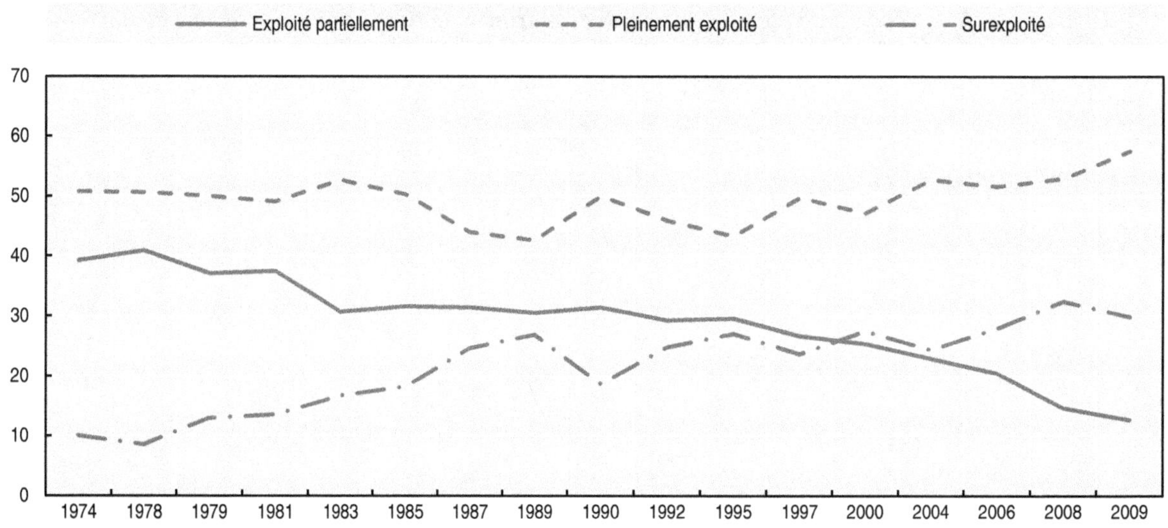

Source : FAO (2012), *La situation mondiale des pêches*, FAO, Rome.

Ces dernières décennies, de nombreux pays ont fourni un effort considérable pour reconstituer leurs stocks halieutiques et mettre en place des systèmes de gestion robustes, même si beaucoup reste encore à faire. À l'échelle internationale, tout un éventail d'initiatives a été mené allant de la création d'organisations régionales de gestion des pêches (ORGP) à l'adoption de nouveaux instruments contraignants et non contraignants. Citons par exemple l'Accord des Nations Unies sur les stocks de poissons de 1995, le Code de conduite pour une pêche responsable élaboré par la FAO et le Plan de mise en œuvre du Sommet mondial pour le développement durable de Johannesburg (2002). Plusieurs initiatives privées – dont celles sur l'étiquetage – ont par ailleurs largement contribué à faire prendre conscience de la nécessité d'agir contre la surpêche, et de préserver et partager les biens environnementaux associés à la pêche.

Selon les estimations, si les pêches mondiales étaient gérées de manière optimale, elles généreraient un revenu supplémentaire de 50 milliards USD voire plus (Banque mondiale, 2009 ; Sumaila et al., 2012) et pourraient produire 13 % de poisson en plus d'ici 2030 (Banque mondiale, 2013). Ainsi, même si la production halieutique a des limites certaines, nous ne les avons pas encore atteintes. Les pêches peuvent gagner en valeur sans intensifier la pression sur la ressource. Il suffit pour cela de renforcer l'efficacité de la gestion, en visant pour les stocks un niveau économiquement optimal.

Parmi les pays de l'OCDE, l'Islande et la Nouvelle-Zélande sont les seuls où, en pourcentage du PIB, la pêche est un secteur essentiel. Elle peut toutefois jouer un rôle très important dans les zones reculées ou rurales en termes d'emploi et d'activité économique, par exemple au Japon, au Canada et en Norvège. En dehors de la zone OCDE, la pêche est une source importante d'alimentation et d'emploi, en particulier sur les côtes des pays et territoires en développement. Sur l'ensemble de l'offre alimentaire, l'aquaculture est néanmoins appelée à devancer la pêche (graphique 1.2).

Graphique 1.2. Production halieutique et production aquacole, 1986-2022

En milliers de tonnes

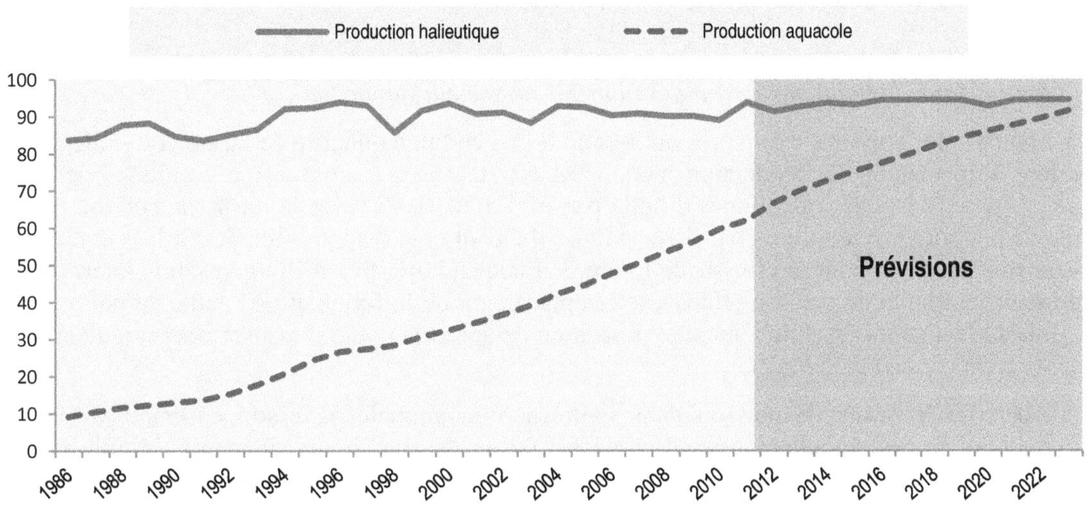

Source : OCDE/FAO (2012), *Perspectives agricoles de l'OCDE et de la FAO, 2012-2021*, Éditions OCDE, Paris. http://dx.doi.org/10.1787/agr_outlook-2012-fr.

Entre 1970 et 2009, le secteur aquacole a enregistré une croissance annuelle de 8.4 % en moyenne. C'est l'un des secteurs de production alimentaire qui connaissent la plus forte progression à l'échelle internationale, et qui présentent un fort potentiel de contribution à l'offre alimentaire mondiale. En 2009, l'aquaculture représentait 38 % de la production mondiale de poissons, mollusques et crustacés et contribuait pour moitié environ à la consommation humaine de produits de la mer (hormis les plantes aquatiques) (FAO, 2011).

Ce secteur pourrait jouer un rôle prééminent dans la réduction de la pauvreté et l'augmentation des recettes en devises, notamment pour les pays en développement. La hausse de la production, ainsi que l'innovation dans l'aquaculture, ont permis de réduire sensiblement les coûts de production, ce qui a été bénéfique pour les consommateurs comme pour les producteurs. À titre d'exemple, la production de crevettes a été multipliée par 43 (passant de 72 000 tonnes à 3.1 millions de tonnes) entre 1984 et 2007. Dans le même temps, le prix est tombé à moins de la moitié de son niveau d'origine (passant de 16.40 USD à 7 USD le kilo) (Asche, 2008).

Les interactions entre pêche et aquaculture

À bien des égards et non des moindres, les secteurs de la pêche et de l'aquaculture se rejoignent. La farine et l'huile produites à partir de poissons pêchés en milieu naturel sont utilisées dans la fabrication d'aliments composés ; les deux activités exploitent l'espace marin et leurs produits sont en concurrence sur le marché. La ligne qui sépare les stocks sauvages des élevages est quelquefois rendue floue par les repeuplements à partir de l'élevage et le pacage marin.

Les produits de l'aquaculture et de la pêche se retrouvent sur le même marché des poissons et produits de la mer. Si les poissons issus de la pêche peuvent avoir des avantages (rareté, taille et différents niveaux de qualité), les poissons d'élevage ont d'autres atouts : taille normalisée, disponibilité toute l'année et environnement de production connu.

L'action publique façonne la relation entre pêche et aquaculture et les décideurs sont confrontés à des choix difficiles. L'espace disponible doit-il être affecté à la pêche ou à l'aquaculture ? Le poisson doit-il être consommé ou servir à la fabrication d'aliments composés pour l'aquaculture ? La pêche est-elle plus ou moins « verte » ou plus ou moins « écologiquement responsable » que l'aquaculture ? Le soutien visant l'un ou l'autre secteur peut avoir des effets sur leur compétitivité et l'équilibre entre les deux.

La production halieutique fournit des aliments au secteur aquacole

La plupart des poissons carnivores ont besoin d'une certaine quantité de farine et d'huile de poisson dans leur alimentation. La production mondiale s'est stabilisée à environ 6 à 7 millions de tonnes de farine par an et à 1 million de tonnes d'huile par an. En 2010, 73 % de la farine de poisson et 71 % de l'huile de poisson ont été utilisés par l'aquaculture. Le coût et la disponibilité des farines et de l'huile de poisson sont un enjeu pour la croissance future de l'aquaculture. Selon l'Organisation internationale de la farine et de l'huile de poisson (IFFO), le remplacement de la farine et de l'huile de poisson est plus que jamais d'actualité, essentiellement en raison de ce que cela coûte d'utiliser ces ingrédients dans les aliments composés (IFFO, 2012).

La part de la farine de poisson dans l'alimentation animale dans son ensemble a baissé avec l'introduction de sources alternatives d'aliments (farine de soja principalement). L'huile de poisson continue d'être très présente dans les aliments destinés aux animaux d'aquaculture en raison de sa teneur en Omega 3. Elle est aussi utilisée abondamment sur le marché très profitable des compléments alimentaires destinés à la consommation humaine. Selon l'IFFO, l'aquaculture peut continuer de réduire sa consommation d'huile de poisson, mais dans certaines limites techniques. L'huile produite à partir d'algues marines et de graines génétiquement modifiées pourrait à terme arriver sur les marchés de certains pays, et remplacer en partie les huiles actuellement extraites du produit de la pêche et de déchets de découpe. Les poissons à haute teneur en Omega 3 pourraient devenir un produit plus haut de gamme par rapport à ceux n'ayant pas reçu ce nutriment dans leur alimentation.

La plupart des poissons servant à la production de farine et d'huile ne sont pas propres à la consommation humaine, bien que cette situation évolue. La demande croissante d'aliments de l'aquaculture ne doit pas saper la gestion des poissons « industriels » utilisés pour produire ces aliments. Cela implique de veiller à ce que ces espèces continuent de jouer leur rôle écologique de proie (certains poissons peuvent être plus utiles comme proie pour les espèces sauvages que pour la production d'aliments) et que les pêches soient bien gérées. Pour soutenir cette démarche, l'IFFO a élaboré un « Global Standard for Responsible Supply » (normes mondiales pour un approvisionnement responsable) inspiré du Code de conduite pour une pêche responsable de la FAO.

Les pouvoirs publics peuvent promouvoir l'innovation pour réduire l'utilisation de farine et d'huile de poisson dans les aliments composés destinés aux espèces carnivores d'élevage, et doivent garantir, via des certifications ou d'autres moyens, que les stocks de poissons utilisés pour la production de farines et d'huiles sont gérés durablement. Encourager l'élevage d'espèces non carnivores peut affaiblir le lien entre pêche et aquaculture. Les espèces telles que le silure, la carpe et *Pangasius* n'ont guère besoin de farine et d'huile de poisson, voire pas du tout. Or, pour le moment, sur la plupart des marchés de l'OCDE, les espèces d'élevage comme le saumon, le turbot, le bar et la daurade sont plus prisées des consommateurs.

La pêche et l'aquaculture se partagent les espaces marins

La concurrence pour l'espace marin augmente à mesure que s'accroissent le nombre et l'ampleur des activités économiques qui en dépendent. Outre la pêche et l'aquaculture, l'espace marin a de multiples usages : tourisme, transport maritime, extraction de minerais et d'hydrocarbures, production d'électricité éolienne ou marémotrice, activité navale, dépôt et élimination de déchets issus de la production sur la terre ferme. En plus des différends concernant l'espace, ces activités rivalisent également pour disposer des ressources limitées dans les ports et autres infrastructures.

Idéalement, pour ce qui est de l'espace marin, les droits d'accès ou d'exploitation sont alloués en fonction de la valeur ajoutée de l'activité pour la société. Les méthodes classiques de la réglementation peuvent fonctionner, mais il est également important de concevoir et de mettre en place des systèmes qui permettent aux différents usagers de négocier et de se concurrencer directement. Cela simplifie la tâche des organismes de réglementation, qui doivent mesurer et évaluer les avantages relatifs des différents usages, et permet une allocation plus rationnelle et une baisse des coûts.

Les approches stratégiques telles que la gestion intégrée des océans font intervenir plusieurs ingrédients (la gestion plurisectorielle et la gestion fondée sur l'écosystème, notamment) et outils (l'aménagement de l'espace maritime, par exemple), et devraient notamment inclure la gestion des pêches. Il est nécessaire de traiter les questions de frontière, de portée et d'échelle qui se posent dans le cadre d'une gestion intégrée des océans, ainsi que celles liées à l'éventail d'instruments et de mécanismes à faire intervenir (le zonage des océans, les approches fondées sur des droits, les systèmes de gouvernance et le rôle de l'économie dans la conception et la mise en œuvre d'une gestion intégrée des océans) (Charles, 2011).

Certains poissons sont à la fois des espèces sauvages et d'élevage

Les stocks de poisson épuisés peuvent, dans certains cas, être reconstitués par des empoissonnements qui peuvent ouvrir des possibilités pour la pêche commerciale ou de loisir. On définit trois types d'empoissonnement à visée halieutique : le premier consiste à lâcher des juvéniles d'élevage dans le milieu naturel pour ramener ou rétablir une biomasse féconde fortement diminuée ; le deuxième à lâcher des juvéniles d'élevage dans le milieu naturel pour augmenter la quantité naturelle de juvéniles et optimiser les captures ; et le troisième à lâcher des juvéniles d'élevage dans le milieu marin ou un estuaire en vue de les capturer une fois qu'ils ont grandi (Bell et al., 2008).

Ces pratiques ne sont pas toujours efficaces, mais dans certaines circonstances, l'empoissonnement est le seul moyen de réintroduire des poissons ou des animaux aquatiques dans une masse d'eau. Il reste cependant important de remédier aux causes profondes de la réduction d'un stock, qu'il s'agisse de la surpêche, de la construction d'un barrage, de la pollution ou autre, afin que les stocks reconstitués ne connaissent pas le même sort. La reconstitution des stocks peut affaiblir le matériel génétique (un problème particulièrement connu pour le saumon, dont le patrimoine génétique varie d'une population de géniteurs à une autre).

La capture des juvéniles pour les faire grossir en bassin est une pratique qui s'est développée, notamment pour le thon rouge. Elle revient, pour les pisciculteurs, à s'approprier une ressource naturelle et à lui faire atteindre sa taille marchande. Cette pratique permet à l'éleveur d'apporter de la valeur ajoutée à la capture d'espèces sauvages en alimentant avec des poissons bon marché des poissons carnivores plus volumineux et plus chers. Il s'agit d'un type d'aquaculture qui s'appuie fortement sur les espèces sauvages, et en particulier sur les stocks de juvéniles, de sorte que la prise en compte de ses effets dans le cadre de la gestion des stocks sauvages est particulièrement importante.

Élargir le champ de l'élaboration des politiques

Les secteurs de la pêche et de l'aquaculture n'évoluent pas en vase clos. Si les questions d'alimentation animale et de concurrence pour l'espace sont particulièrement importantes, il ne faut pas oublier que les activités halieutiques et aquacoles sont aussi en concurrence, entre autres, avec le tourisme, le transport maritime, la prospection d'hydrocarbures, l'agriculture (pour l'aquaculture sur la terre ferme et les rejets en zone côtière) et la production d'électricité.

Plus généralement, la pêche et l'aquaculture sont aussi connectées avec l'écosystème et ses différents usagers (graphique 1.3). Dépasser le cadre de la gestion des stocks pour prendre en compte des objectifs plus larges peut favoriser la cohérence entre les domaines de l'action publique qui sont des éléments clés de la SCV. Cependant, lorsque la perspective adoptée est large et que la gestion se fait à des échelons plus élevés, les coûts s'en ressentent. Des efforts supplémentaires sont nécessaires pour assurer la cohérence et la coopération entre les domaines d'action qui ont trait aux activités marines, qu'il s'agisse de données et d'informations, de surveillance, de contrôle ou d'administration.

La gestion des différentes espèces présentes dans un stock est généralement confiée à une seule institution, la participation des parties prenantes étant limitée aux groupes d'usagers directement concernés par le secteur de la pêche. Lorsque la gestion se fait à des échelons plus élevés (écosystèmes ou gestion intégrée des océans par exemple), les groupes d'intérêt sont plus dispersés et leurs activités économiques sont variées. Davantage de ministères et organismes sont donc compétents. Ainsi, dans la gestion des écosystèmes côtiers, les décisions peuvent devoir tenir compte des intérêts de l'agriculture, du développement rural, de la pêche, de l'aquaculture, du tourisme, du zonage, etc. Cette complexité augmente les coûts, rend les processus plus incertains et plus longs, et génère des asymétries d'information. Cependant, ces inconvénients doivent être évalués à l'aune des avantages d'une gestion améliorée.

Graphique 1.3. De la gestion monospécifique à une « économie bleue »

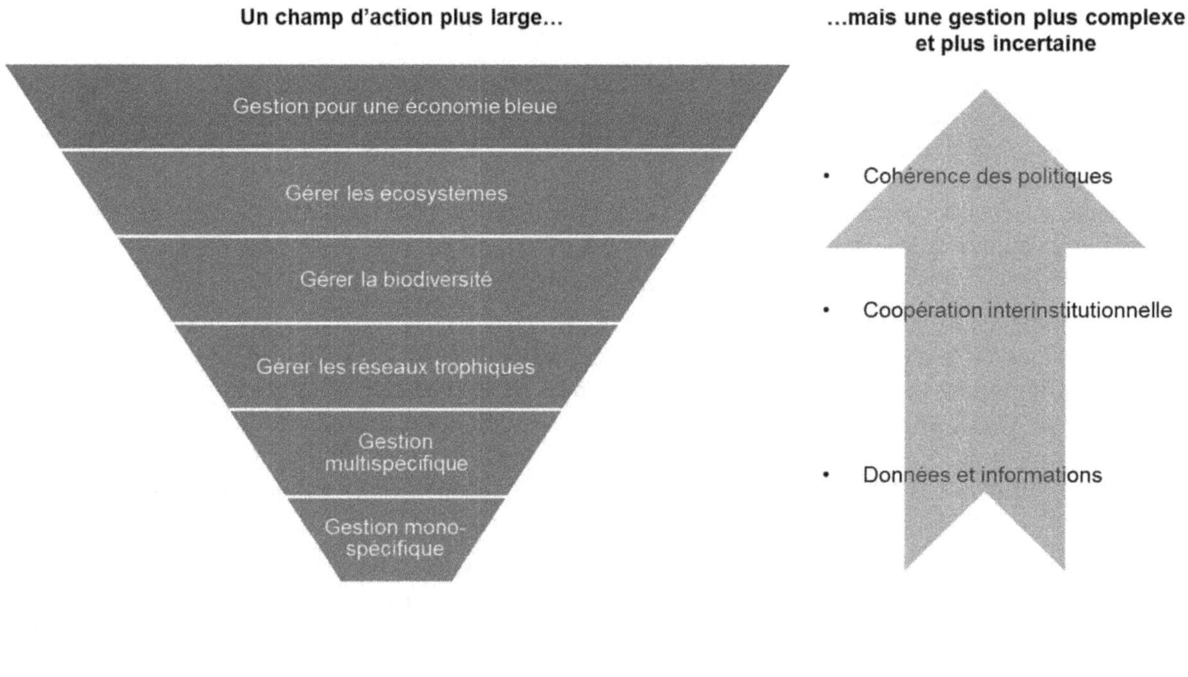

Dans la plupart des cas, la politique de la mer essaie d'adopter une approche élargie, étant admis que cela permet des bénéfices optimums (encadré 1.1). Dans la pratique, néanmoins, la plupart des pays jugent prudent d'en rester à une approche monospécifique de la gestion. La Stratégie de l'OCDE pour une croissance verte prône l'établissement de dispositifs institutionnels plus efficaces et capables d'aider les pays à adopter, à terme, une approche plus globale. Toutefois, la complexité des écosystèmes marins teste les limites de la science et de nos connaissances. Aller vers des modèles de gestion plus complexes ne se fera pas en un jour.

Encadré 1.1. Soutenir la croissance dans les secteurs marin et maritime

La stratégie « Croissance bleue » est la stratégie à long terme de l'Union européenne visant à soutenir la croissance durable dans les secteurs marin et maritime dans leur ensemble. Elle part du principe que les mers et les océans sont des moteurs de l'économie européenne et qu'ils offrent un potentiel considérable en matière d'innovation et de croissance. Une analyse du potentiel de création d'emplois, ainsi que du potentiel de la recherche-développement, montre que les cinq chaînes de valeur suivantes pourraient engendrer une croissance et des emplois durables dans l'économie bleue : énergie bleue, aquaculture, biotechnologie bleue, tourisme côtier et extraction des ressources minérales marines. Des initiatives de l'UE en cours encouragent déjà l'innovation dans des secteurs tels que le transport maritime. D'autres chaînes de valeur pourraient se révéler à terme des domaines propres à faire l'objet d'une attention plus poussée des pouvoirs publics. La croissance bleue est censée contribuer à la durabilité de la croissance et devra être en adéquation avec les principes de la croissance verte.

Source : Commission européenne

La Stratégie de l'OCDE pour une croissance verte

La Stratégie de l'OCDE pour une croissance verte énonce les principes susceptibles d'aider les pays à atteindre un niveau de croissance économique aussi élevé que possible tout en préservant les ressources naturelles dont dépend cette croissance. Il est difficile d'être en désaccord avec son objectif : faire le maximum tout en protégeant l'environnement et les valeurs sociales. L'intérêt de la Stratégie de l'OCDE pour une croissance verte ne réside pas dans ses objectifs, mais dans l'approche spécifique qu'elle propose et dans les principes qui la sous-tendent.

Les mesures propices à la croissance verte devraient se traduire soit par un recul de la quantité de ressources consommées par unité de valeur ajoutée (découplage relatif), soit par une stabilité ou une diminution de la quantité de ressources consommées et des impacts sur l'environnement parallèlement à un essor général de l'économie (découplage absolu). S'agissant du secteur halieutique, cela suppose que la ressource primaire (stocks de poissons) soit gérée à un niveau optimum et que, parallèlement, la valeur économique tirée de cette ressource s'accroisse en continu. Cet accroissement de valeur peut résulter d'une augmentation des captures moyennant un stock et un écosystème en meilleure santé, d'innovations qui donnent de la valeur ajoutée aux poissons, mollusques et crustacés transformés ou non, ou bien d'une amélioration de la productivité qui réduit les coûts, en particulier d'un recul de la surcapacité.

Dans le domaine de la pêche, les principales actions à mener pour parvenir à une croissance verte sont les suivantes : reconstituer les stocks qui se trouvent en dessous de leur niveau potentiel, veiller à ce que les systèmes de gestion contrôlent efficacement les prélèvements et maximiser la valeur potentielle de l'activité pour la société. Une attention particulière doit être accordée à la gestion des stocks, pierre angulaire d'une utilisation durable. En outre, il est essentiel de préserver la qualité de l'écosystème (biodiversité, habitat et pollution) pour faire en sorte que la ressource et son habitat au sens large soient aussi productifs que possible. Les espaces marins font l'objet d'une exploitation toujours plus variée et intense, si bien qu'atténuer les répercussions de la pêche sur les autres utilisations, et inversement, fait de la cohérence des mesures entre domaines un aspect important.

L'aquaculture est de plus en plus perçue comme un moyen d'améliorer la sécurité alimentaire et de promouvoir la croissance. Le secteur doit s'appuyer sur les principes de la croissance verte pour s'assurer que sa croissance rapide est viable à l'avenir. Il doit donc trouver une manière de produire davantage pour satisfaire la demande croissante, mais en prenant garde de limiter les effets potentiellement négatifs sur l'environnement.

La SCV de l'OCDE est un outil pratique qui aide les pouvoirs publics à créer des conditions favorables dans le cadre de l'élaboration de leurs propres stratégies de croissance. Elle définit plusieurs étapes à respecter afin de renforcer la croissance et le bien-être tout en améliorant la durabilité. À chacune de ces étapes, des actions spécifiques peuvent être envisagées (graphique 1.4).

Graphique 1.4. La Stratégie de l'OCDE pour une croissance verte

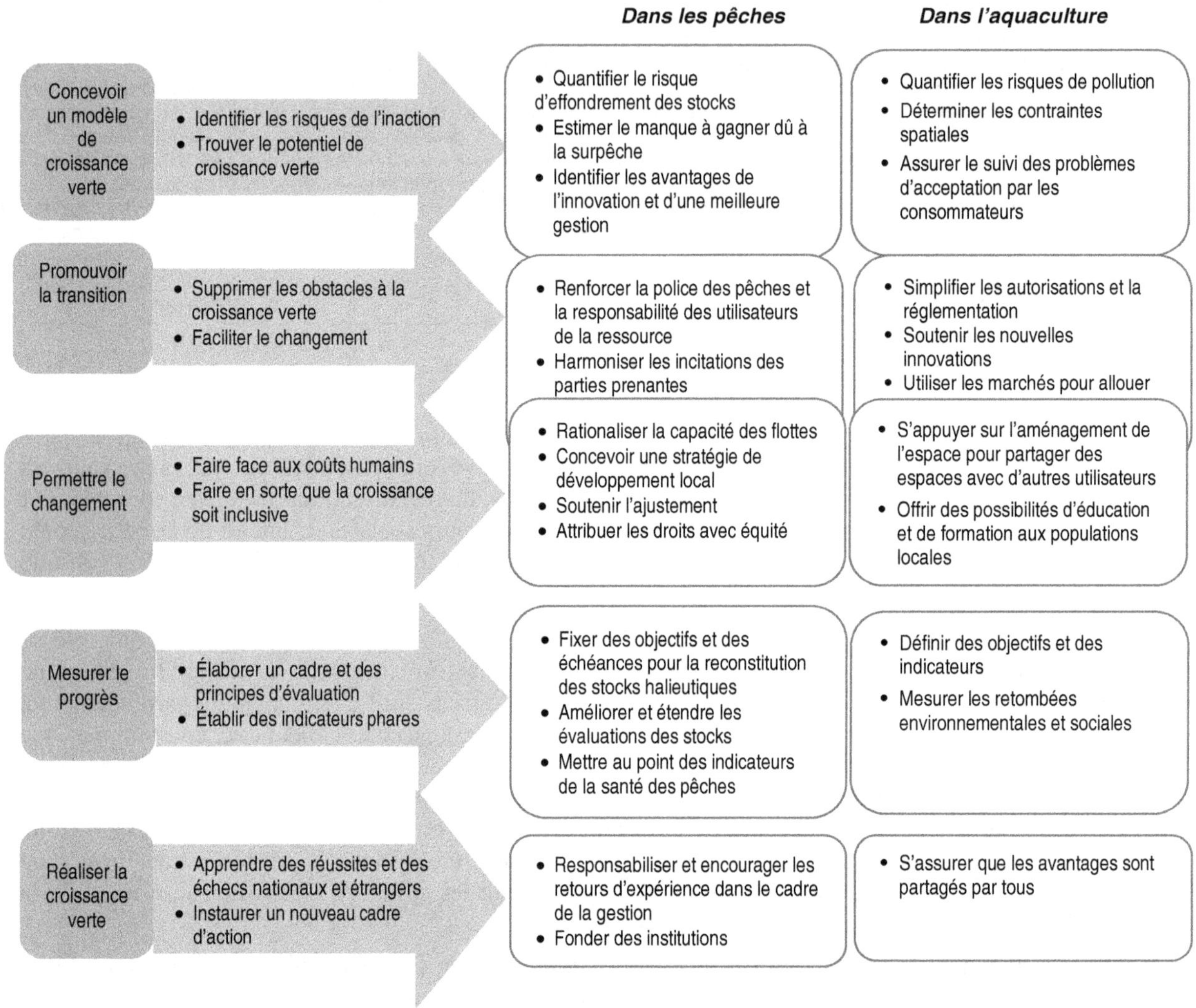

Source : adapté de OCDE (2010), Rapport intérimaire de la stratégie pour une croissance verte : concrétiser notre engagement en faveur d'un avenir durable. Réunion du Conseil de l'OCDE au niveau des ministres, 27-28 mai. C/MIN(2010)5.

Tableau 1.1. Moyens d'action au service de la croissance verte : exemples applicables aux pêches

	Dans les pêches	*Dans l'aquaculture*
Normes et réglementations	• Encourager la certification des produits. • Renforcer les normes de sélectivité des engins et de protection des écosystèmes. • Instaurer des aires de gestion, notamment des aires marines protégées lorsqu'il y a lieu. • Imposer une obligation de débarquement pour réduire les rejets.	• Simplifier les procédures d'autorisation. Établir le zonage de l'utilisation des aires côtières et marines. • Règlementer l'utilisation des produits chimiques, des médicaments et des additifs.
Mesures de soutien	• Accélérer l'adoption d'innovations favorables à l'environnement concernant les engins de pêche. • Cibler des objectifs environnementaux s'ils sont réalisables, sinon cibler des actions et des opérations. • Orienter l'investissement public pour cibler les technologies vertes.	• Garantir l'accès au capital pour l'investissement. • Cibler des objectifs environnementaux s'ils sont réalisables, sinon cibler des actions et des opérations. • Orienter l'investissement public pour cibler les technologies vertes.
Instruments économiques	• Réformer les avantages fiscaux applicables aux carburants de façon à refléter les coûts externes. • Instaurer des droits de propriété sûrs et échangeables dans la pêche. • S'attaquer aux contraintes qui entravent l'action gouvernementale (gouvernance, etc.) dans les économies en développement.	• Instaurer l'échange de droits d'émission pour les polluants issus de l'aquaculture. • Instaurer des droits de propriété/d'exploitation sûrs pour les espaces utilisés par l'aquaculture.
Mesures commerciales	• Promouvoir les chaînes de valeur et les marchés mondiaux. • Supprimer les restrictions et les subventions à l'exportation. • Soutenir les marchés qui fonctionnent bien.	• Identiques à ceux des pêches.
Recherche-développement	• Accroître la recherche publique sur les systèmes de production viables. • Promouvoir la R-D privée en octroyant des subventions et des crédits d'impôt. • Mettre en place des partenariats public/privé de recherche.	• Développer de nouvelles espèces et méthodes de production. • Adopter de bonnes pratiques.
Aide au développement	• Accroître l'aide au développement axée sur les initiatives de gestion durable. • Accorder une plus large place aux pêches dans les Stratégies de réduction de la pauvreté. • Allouer plus de fonds aux pêches dans les projets d'Aide pour le commerce.	• Fournir des services aux petits propriétaires, comme l'élevage larvaire et des services vétérinaires. • Assurer des services de vulgarisation pour promouvoir l'adoption des meilleures pratiques.
Information, éducation, formation et conseil	• Sensibiliser le public aux modes de consommation plus durables, par exemple via l'éco-étiquetage et la certification. • Ménager une place aux bonnes pratiques dans les programmes de formation, d'éducation et de conseil dans toute la chaîne de valeur.	• Identiques à ceux des pêches.

Source : adapté de OCDE (2013b), *Moyens d'action au service de la croissance verte en agriculture*, http://dx.doi.org/10.1787/9789264204140-fr.

Encadré 1.2. Croissance verte et développement durable

La croissance verte n'est pas censée se substituer au développement durable, mais doit être considérée comme un volet de celui-ci. Il s'agit d'un concept plus étroit, assorti d'un programme d'action opérationnel qui peut contribuer à un progrès tangible et mesurable à l'interface de l'économie et de l'environnement. L'effort est résolument centré sur la création des conditions nécessaires à l'innovation, à l'investissement et à la concurrence, qui peuvent créer de nouvelles sources de croissance économique, sans nuire à la résilience des écosystèmes.

Les stratégies de croissance verte doivent aussi prêter une attention particulière aux problèmes sociaux et aux préoccupations relatives à l'équité qui peuvent résulter directement du verdissement de l'économie –, et ce aux niveaux tant national qu'international. C'est là une condition essentielle au succès des politiques de croissance verte mises en œuvre. Les stratégies doivent être appliquées parallèlement à des initiatives centrées sur le pilier social plus général du développement durable.

Source : OCDE (2011a), Vers une croissance verte, http://dx.doi.org/10.1787/9789264111332-fr.

Dans sa Stratégie pour une croissance verte, l'OCDE prône notamment le rapprochement entre les politiques économiques et les politiques de l'environnement, souvent élaborées indépendamment l'une de l'autre alors qu'il devrait exister un lien entre ces deux domaines. Les décideurs du secteur de la pêche se sont saisis de ce problème il y a plusieurs années, depuis qu'il est devenu évident que les mers n'étaient pas une ressource illimitée et que pour être pérenne, la pêche devait être contrôlée.

La Stratégie pour une croissance verte est inspirée du concept de développement durable (encadré 1.1). Elle met cependant l'accent sur *l'action des pouvoirs publics* et les *résultats*, et apparaît donc comme un moyen plus concret de traiter à la fois les questions de croissance économique et les problèmes environnementaux. Parce qu'elle accorde davantage d'importance à l'action des pouvoirs publics et prône une croissance qui s'inscrit dans la durée, elle est plus opérationnelle pour les décideurs et plaide de façon plus convaincante en faveur de la réforme. Appliquée aux océans, la croissance verte est parfois appelée « bleue » (voir, par exemple, la stratégie « Croissance bleue » de l'UE, ou le Partenariat mondial pour les océans de la Banque mondiale) (encadré 1.2).

Pour parvenir à une croissance verte dans le secteur des pêches et de l'aquaculture, les pouvoirs publics disposent d'un large éventail de moyens d'action (tableau 1.1). En règle générale, il n'est pas possible de sélectionner un instrument ou type d'instrument comme étant plus approprié ou plus efficace. La panoplie de mesures optimale dépend de l'objectif à atteindre et du contexte environnemental, économique, social et politique dans lequel celle-ci sera mise en œuvre.

Prendre le chemin de la croissance verte

Plusieurs obstacles peuvent entraver la transition vers la croissance verte, notamment les subventions préjudiciables à l'environnement, les obstacles tarifaires et non tarifaires aux échanges de biens et services environnementaux, les interventions réglementaires inefficaces et les moyens d'action incohérents (OCDE, 2010). Ces obstacles empêchent une affectation efficace des ressources dans l'économie. Par ailleurs, lorsque les autorisations et les droits de pêche ne peuvent pas être utilisés avec souplesse, par exemple lorsqu'il n'est pas possible d'échanger ces droits ou d'en détenir plusieurs à la fois, il n'est pas possible de retirer tous les bénéfices possibles de la ressource halieutique.

Plusieurs obstacles, institutionnels ou liés à la gouvernance, freinent la réforme du secteur de la pêche. Les publications *Réforme de la pêche : enseignements tirés de l'expérience nationale* (OCDE, 2011d) et *Redressement des pêches : le cap à suivre* (OCDE, 2012) mettent en évidence le fait que si la réforme est nécessaire, la pêche résiste comme aucun autre secteur au changement. Les facteurs bloquant la réforme sont, en particulier, i) la répartition des avantages et des pertes découlant du changement ; ii) la chronologie des avantages et des pertes ; iii) les incertitudes entourant la répartition des avantages et des pertes ; et iv) la capacité à pérenniser le processus de réforme. Il est donc nécessaire d'avoir une stratégie de réforme et de prévoir notamment des compensations pour ceux qui en ressortent perdants. Dans ce processus, les groupes de parties prenantes (organisations de pêcheurs,

ONG) ont un rôle central à jouer et leur participation est indispensable au succès du processus et à l'harmonisation des structures des incitations.

Dans l'élaboration des politiques de croissance qui constituent une stratégie de croissance verte, il importe de tenir compte de nombreux détails spécifiques :

> « *L'un des objectifs de la stratégie pour une croissance verte est de trouver une panoplie de mesures permettant de réduire au minimum le coût économique de la transition vers un mode de croissance qui tienne mieux compte des externalités environnementales. En conséquence, l'un des principaux critères à retenir pour évaluer les politiques est le rapport coût-efficacité des moyens d'action. Toutefois, sachant qu'il existe des coûts de surveillance et de contrôle de l'application, et connaissant les problèmes d'information et d'incomplétude des marchés, l'adéquation des instruments doit également être évaluée en examinant s'ils sont capables d'inciter à l'adoption et la mise en conformité, de faire face à l'incertitude, et de stimuler efficacement l'innovation et la diffusion de technologies vertes. Enfin, sachant que les externalités environnementales traversent souvent les frontières nationales, il importe également d'étudier si ces instruments peuvent être conçus et mis en œuvre de façon à faciliter la coordination internationale.* » (OCDE, 2010)

Cette description de la croissance verte est particulièrement adaptée au cas de la pêche, car elle intègre la nécessité d'évaluer le rapport coût-efficacité, elle considère que les coûts de surveillance et de contrôle font partie de l'équation, et elle reconnaît l'incomplétude des marchés, le rôle des mesures incitatives dans l'adoption et la mise en conformité ainsi que la dimension internationale du secteur. Ces questions, bien connues, sont présentes depuis longtemps dans l'élaboration des politiques de la pêche.

La Stratégie de l'OCDE pour une croissance verte propose un cadre d'action adaptable selon les spécificités propres à chaque pays (OCDE, 2011b). Il existe toute une gamme d'options pour promouvoir un changement positif et élaborer un nouvel ensemble de politiques. L'OCDE suggère que dans ce nouvel ensemble de politiques, les décideurs :

- utilisent des instruments fondés sur le marché et des mécanismes de tarification lorsque cela est possible ;
- garantissent la cohérence entre les domaines d'action et les instruments ;
- examinent les programmes de subvention existants et nouveaux pour détecter leurs éventuels effets indésirables (les subventions préjudiciables à l'environnement devraient être supprimées) ;
- développent en parallèle une stratégie d'innovation qui pourrait amorcer un mouvement vers les technologies vertes efficaces contre les externalités environnementales de la production, de la distribution et de la consommation ;
- incitent les consommateurs à exiger des produits durables ;
- augmentent le financement, privé comme public, de la croissance verte ;
- facilitent la transition vers la croissance verte par le biais des politiques du marché du travail, en améliorant les compétences et la flexibilité, ainsi que l'adaptation aux nouveaux secteurs économiques ;
- prennent éventuellement des mesures d'accompagnement pour faire accepter les restructurations, qui peuvent rendre la question de la redistribution des revenus délicate pour les parties prenantes. Des aides à l'adaptation ou des mesures de compensation pourraient faciliter la réforme.

Dans le cas particulier de la pêche et de l'aquaculture, s'ajoutent à cette liste : l'implication des parties prenantes, le développement des compétences, les mesures d'accompagnement de la conversion des travailleurs, les initiatives visant l'enseignement et l'innovation. S'agissant de la pêche, il faudrait en particulier s'efforcer de remédier au problème de la gestion des stocks et de la surcapacité, qu'il s'agisse de capital ou de main-d'œuvre. Compte tenu du caractère traditionnel de la pêche, les solutions peuvent être assez différentes d'un pays à l'autre.

Concernant la pêche, dans le document intitulé *Les mécanismes du marché au service de la pêche : comment faciliter leur utilisation* (OCDE, 2006) sont énumérées dix pistes que les décideurs peuvent suivre pour mettre en place les approches fondées sur le marché préconisées dans la SCV :

- Familiariser tous les acteurs avec le concept d'instrument de type marché.
- Donner la préférence à une mise en œuvre progressive des instruments de type marché.
- Ne pas nécessairement adopter une stratégie uniforme.
- Concevoir avec soin la procédure de répartition des droits.
- Utiliser les forces du marché avec pragmatisme.
- Répondre à la question du « regroupement excessif ».
- Exploiter « l'effet de démonstration » (et tirer parti de l'expérience acquise).
- Faire participer les acteurs au processus de réforme.
- Tenir compte des caractéristiques des différentes pêches.
- Faire preuve de pragmatisme dans les arbitrages.

Le monde se caractérise par une mondialisation et des interconnexions grandissantes. Les secteurs de la pêche et de l'aquaculture n'échappent pas à cette règle : 50 % de l'ensemble des poissons sont en effet échangés sur les marchés mondiaux et une quantité importante des poissons consommés dans les pays de l'OCDE provient de pays en développement. De nombreux stocks halieutiques ont également une dimension mondiale, soit que les poissons franchissent des frontières nationales pour la migration (c'est le cas du thon par exemple), soit qu'ils investissent une zone nationale de pêche, la quittent ou passent d'une zone à une autre au gré des saisons. Dans ce contexte, il apparaît que pour réussir la transition vers la croissance verte dans le secteur de la pêche, la coopération internationale est indispensable. Les documents intitulés *Rechercher la cohérence* (OCDE, 2006) et *Renforcement des organisations régionales de la pêche* (OCDE, 2009) montrent que renforcer la coopération internationale pour gérer les pêches peut se traduire par de réels avantages pour les pêcheurs et pour la pérennité de l'activité, en particulier du point de vue du développement.

L'OCDE a mis au point un cadre conceptuel pour suivre les progrès vers la croissance verte ainsi qu'un ensemble d'indicateurs (OCDE, 2011c). Dans ces travaux, l'Organisation observe : « les indicateurs de croissance verte devraient [...] identifier les services environnementaux les plus importants et si possible quantifier leur rôle dans la croissance économique ». Si l'ensemble d'indicateurs est encore en cours de perfectionnement, les indicateurs phares liés aux secteurs de la pêche et de l'aquaculture mesurent :

> *« la proportion de stocks halieutiques se situant dans les limites biologiques de sécurité (au niveau mondial), exprimée comme le pourcentage des stocks de poissons qui sont exploités sans dépasser leur productivité biologique maximale, c'est-à-dire les stocks qui sont sous-exploités, modérément exploités et pleinement exploités. Les limites biologiques de sécurité sont les seuils de précaution préconisés par le Conseil international pour l'exploration de la mer (CIEM). Cet indicateur fait également partie du système de suivi des Objectifs du millénaire pour le développement. À titre complémentaire, l'évolution de la production aquacole et celle de la production de poisson des pêches sont présentées pour le monde, pour l'OCDE et pour les grands groupes d'espèces. »*

Les progrès réalisés dans la gestion des pêches

Ces dernières décennies, plusieurs pays ont introduit des instruments fondés sur le marché dans leur gestion des pêches. Dans la publication *Réforme de la pêche : enseignements tirés de l'expérience nationale* (OCDE, 2011d), l'OCDE souligne : « les mauvaises performances environnementales sont généralement insuffisantes pour amener les pouvoirs publics à entreprendre des réformes importantes. Dans chacun des cas étudiés, c'est une crise économique et non pas une crise écologique qui pousse à envisager des réformes et à agir ». Or, plus les pouvoirs publics attendent avant d'entreprendre une réforme, plus les coûts globaux induits par une mauvaise performance environnementale – pour les opérateurs privés et pour les finances publiques en termes de manque à gagner – sont élevés. Cela rejoint les observations selon lesquelles retarder la réforme se traduit par une dissipation continue de la rente, des risques accrus pour les stocks, et des stocks généralement plus réduits que ce qu'une réforme et une reconstitution auraient permis d'obtenir.

Réformer la gestion des pêches peut avoir des retombées économiques et sociales très positives. Dans le cas du Danemark, appliquer de meilleures stratégies de croissance verte dans le secteur de la pêche a entraîné une augmentation de la taille des stocks, l'utilisation d'une moindre quantité de facteurs de production (navires, pêcheurs, énergie, etc.) et des prises par unité d'effort plus importantes, et cela pourrait aussi améliorer la qualité des captures (encadré 1.3). Vaincre la résistance à la réforme est donc un enjeu important. Comme on peut le lire dans *Vers une croissance verte*, « consulter sur le traitement qui sera appliqué aux effets redistributifs est également indispensable dans le cadre de la communication sur les politiques. Cela suppose notamment d'être très attentif aux souhaits des catégories concernées en matière de compensations. »

Encadré 1.3. Instruments fondés sur le marché au Danemark

En 2003, le Danemark a appliqué à la pêche d'espèces pélagiques un système de quotas individuels transférables. En 2007, ce dispositif a été étendu aux autres pêches (sous une forme légèrement modifiée). Il en a résulté une baisse du nombre de navires actifs, qui est passé de 1 528 en 2000 à 688 en 2010. Simultanément, le bénéfice d'exploitation total est passé de 620 millions DKK en 2006 à 1 453 millions DKK en 2010, soit une hausse de 130 %. L'exemple danois démontre qu'une meilleure réglementation et une réforme de la politique de la pêche peuvent être vectrices de croissance verte. Parmi les autres améliorations en faveur de la croissance verte, citons la réduction considérable de la consommation d'énergie.

	2006	2007	2008	2009	2010
Nombre de navires enregistrés[1]	3 134	2 957	2 890	2 834	2 826
Nombre de navires en activité[1]	1 093	846	777	703	688
Effectifs de la main-d'œuvre	2 341	1 751	1 577	1 446	1 392
Valeur totale des débarquements (millions DKK)	3 183	2 719	2 560	2 218	3 004
Moyenne par navire en activité					
Valeur des débarquements (milliers DKK)	2 785	3 053	3 076	2 955	4 176
Revenus (milliers DKK)	1 726	1 857	1 691	1 636	2 658
Bénéfice d'exploitation (milliers DKK)	620	829	609	623	1 453
Bénéfice net (en % de la valeur d'assurance)	15 %	20 %	20 %	13 %	30 %

Source : OCDE (2013), *OECD Review of Fisheries: Policies and Summary Statistics 2013*, http://dx.doi.org/10.1787/rev_fish-2013-en.

Dans l'optique de garantir que les réformes se traduisent par des bénéfices nets – tant pour les opérateurs privés que pour les finances publiques –, l'une des possibilités est de compter davantage sur la récupération des coûts pour financer la gestion des pêches (encadré 1.4). Dans une approche fondée sur la récupération des coûts, le système de gestion est source de bénéfices nets pour les pêcheurs. En Nouvelle-Zélande par exemple, l'État récupère environ un tiers des coûts totaux des « services généraux » liés à l'activité de pêche, moyennant des redevances versées par les titulaires de quotas et des redevances au titre des services de préservation des ressources. Une approche fondée sur la récupération des coûts est toujours propre à un pays et propre à un système de gestion des pêches (tableau 1.2). Dans certains cas comme l'Islande ou la Nouvelle-Zélande, le cadre institutionnel amène les professionnels à demander une augmentation des dépenses consacrées aux services de gestion, ce qui tend à prouver que des réformes bien conçues peuvent mettre en évidence les avantages d'une bonne gestion.

Certaines réformes peuvent les faire diminuer et remanier l'action menée est une bonne occasion de s'interroger sur les économies réalisables. On peut déduire de certains éléments que « les pays de l'OCDE où le recours aux contrôles de la production prédomine ont des coûts totaux nettement plus faibles par tonne produite que les autres pays membres. Ils ont également, pour la plupart, des coûts de gestion et de police des pêches plus faibles » (OCDE, 2003).

Encadré 1.4. La récupération des coûts dans la pêche

Les responsables de l'action publique sont soucieux d'améliorer les services de gestion et leur rapport coût-efficacité. Les coûts de la gestion des pêches influent sur la prestation de ces services en elle-même et sur la durabilité de leurs résultats. Pour les décideurs, soumis à des contraintes budgétaires, optimiser les dépenses et l'utilisation des ressources est une priorité permanente.

Lorsque la gestion des pêches est financée par la récupération des coûts, la charge ne pèse plus sur le contribuable, mais sur le bénéficiaire des services de gestion. Si la gestion des pêches entraîne plus de coûts que de bénéfices, cela sera mis en évidence par le régime de récupération des coûts et incitera à réformer, soit pour réduire les coûts, soit pour changer l'économie de la pêche.

La structure institutionnelle détermine la coordination entre les utilisateurs, la manière de générer des informations, la manière de prendre les décisions et la manière d'assurer le suivi et la police des pêches. Elle influe aussi sur l'importance des coûts de la conclusion, du suivi et de l'application d'accords. Le degré de participation des utilisateurs aux processus de conception, mise en œuvre et application des régimes de gestion des pêches a aussi une incidence sur les coûts de services.

Source : OCDE (2003), *Coûts de gestion des pêcheries*, http://dx.doi.org/10.1787/9789264099784-fr.

Tableau 1.2. Typologie des modèles de fourniture et de financement des services de pêche

Modèle	Type de services fournis et niveau de prestation	Qui fournit les services	Qui finance les services	Incitation à améliorer les résultats des activités de pêche	Incitation à améliorer le rapport coût-efficacité
1	Pouvoirs publics	Pouvoirs publics	Pouvoirs publics	Faible	Faible
2	Pouvoirs publics	Pouvoirs publics	Secteur	Faible	Faible
3	Pouvoirs publics	Contrats conclus entre les pouvoirs publics et des prestataires de services	Secteur	Faible	Bonne
4	Pouvoirs publics et secteur	Contrats conclus entre les pouvoirs publics et des prestataires de services	Secteur	Bonne	Bonne
5	Normes fixées par les pouvoirs publics et décisions prises par le secteur	Délégation au secteur	Secteur	Forte	Forte

Source : OCDE (2003), *Coûts de gestion des pêcheries*, http://dx.doi.org/10.1787/9789264099784-fr.

Plus la gestion est globale, plus les besoins en données et en informations sont complexes et coûteux. Atteindre un plus haut degré de cohérence entre les domaines de l'action publique ayant trait à l'utilisation des océans nécessitera une forte coopération entre les institutions (Charles, 2011). Cette coopération peut demander beaucoup de temps, de sorte que parvenir à la rationaliser procure des avantages supplémentaires.

Trouver de nouvelles opportunités sur le marché vert

La Stratégie de l'OCDE pour une croissance verte souligne que les nouvelles opportunités sur le marché vert peuvent être une source d'expansion à mesure que les entreprises s'engageant sur la voie d'une croissance plus verte. Pour les pouvoirs publics, il existe notamment deux façons de tirer profit de ces nouvelles sources de croissance économique : investir dans l'innovation et prendre l'avantage du précurseur.

Dans certains cas, la pêche de loisir peut générer davantage de valeur économique par quantité capturée que la pêche commerciale. En 2009, aux États-Unis, la pêche commerciale a enregistré un chiffre d'affaires de 116 milliards USD, contre 50 milliards USD pour la pêche de loisir (encadré 1.5). La même année, un million d'emplois à temps plein ou temps partiel ont été créés ou maintenus dans le secteur de la pêche commerciale, et le secteur de la pêche de loisir procurait du travail à 327 000 personnes (les 11 millions d'amateurs pratiquants ne sont pas comptabilisés).

Encadré 1 5. Pêche de loisir et pêche commerciale aux États-Unis

Aux États-Unis, la filière des produits de la mer inclut le secteur de la capture commerciale, la transformation des produits de la mer, les négociants, les grossistes et distributeurs, les importateurs et les détaillants. En 2009, environ 1 million d'emplois à temps plein et à temps partiel étaient imputables à ce secteur, lequel a également eu des retombées sur le chiffre d'affaires des entreprises, les revenus et la valeur ajoutée (chiffrées à 116 milliards USD, 32 milliards USD et 48 milliards USD, respectivement).

En 2009, les retombées les plus importantes sur l'emploi et les revenus étaient attribuables au commerce de détail de produits de la mer (484 000 emplois et 10 milliards USD). En revanche, c'est dans le secteur de l'importation qu'elles ont été les plus conséquentes du point de vue du chiffre d'affaires des entreprises (49 milliards USD) et de la valeur ajoutée (15 milliards USD). Le commerce de gros et la distribution sont quant à eux les plus petits contributeurs du secteur national des produits de la mer en termes de retombées : 47 000 emplois, 6.5 milliards USD de chiffre d'affaires, 2.1 milliards USD de revenus et 3.1 milliards USD de valeur ajoutée.

En 2009, les quelque 11 millions de pêcheurs amateurs que comptent les États-Unis ont fait 74 millions de sorties en mer. Ces pêcheurs ont consacré 4.5 milliards USD à ces sorties et 15 milliards USD à de l'équipement durable en rapport avec la pêche. Sur le plan du chiffre d'affaires, les retombées de ces dépenses pour l'économie des États-Unis s'élèvent à 50 milliards USD. Elles représentent 23 milliards USD en termes de valeur ajoutée et plus de 327 000 emplois.

L'équipement durable est le plus grand contributeur à l'ensemble de ces totaux, représentant 74 % de l'impact sur l'emploi, 79 % de l'impact en termes de chiffre d'affaires, et 77 % de l'impact en termes de valeur ajoutée. Sur les trois types de sortie de pêche, avec des retombées sur l'emploi de 11 %, la pêche du rivage est celle qui contribue le plus au nombre d'emplois, notamment grâce à la pêche de loisir. Les retombées des sorties en bateau de location sur le chiffre d'affaires (1.9 milliard USD) et sur la valeur ajoutée (1 milliard USD) ont été environ deux fois moins importantes que celles générées par les navires privés (4.2 milliards USD et 2.2 milliards respectivement) ou par la pêche du rivage (4.3 milliards USD et 2.2 milliards respectivement).

Source : National Marine Fisheries Service (2010), *Fisheries of the United States 2009*, Silver Spring, Maryland.

Parmi les instruments d'action permettant de gérer les différentes activités économiques fondées sur une ressource commune, figurent en principe les enchères et d'autres mécanismes d'allocation de la ressource, moyennant la possibilité de transferts entre activités. Dans la pratique, la plupart des pays utilisent des approches autoritaires et imposent une délimitation entre, d'une part, les activités commerciales et, de l'autre, la pêche de loisir ou autre. Cela peut inclure des systèmes de permis spécifiques pour la pêche de loisir, des interdictions de vente du poisson (ce qui permet d'éviter les interactions avec le marché et un éventuel impact baissier sur le prix des poissons vendus par les professionnels), des limitations en termes d'engins de pêche et des restrictions selon les saisons. Cela peut s'expliquer par les coûts de transaction ou d'autres obstacles qui compliquent les échanges de droits. Une bonne stratégie de croissance verte doit s'attacher à réduire ou éliminer ces obstacles afin d'optimiser les profits tirés de la ressource.

Pêche commerciale et pêche de loisir exploitent souvent les mêmes stocks halieutiques et peuvent être concurrentes. Ces deux activités génèrent de la valeur économique, bien que différemment. Pour garantir la meilleure exploitation possible du stock, le gestionnaire des pêches doit fixer le total admissible de capture (TAC) optimal pour les deux activités et répartir ce TAC de façon optimale entre les deux secteurs. Comme le souligne Arnason (2012), *« la pêche commerciale a, avant tout, un but lucratif et la pêche de loisir, un but ludique, mais il existe des similitudes importantes entre les deux. Toutes deux exploitent les stocks halieutiques et ont donc un impact comparable sur l'évolution de ces stocks. Notamment, tout comme la pêche commerciale, la pêche de loisir entraîne une réduction de la taille des stocks, bien que son impact puisse prendre des formes différentes. En outre, la pêche de loisir est tout aussi concernée que la pêche commerciale par les problèmes que pose l'absence de droits de propriété, et donc par la question de l'effort excessif et de la surexploitation »*. Arnason conclut que l'importance économique du secteur de la pêche de loisir devrait être prise en compte dans les allocations et qu'une solution fondée sur le marché (un système de droits négociables, par exemple) permettrait une allocation aussi efficiente que possible.

Innovation et améliorations technologiques

Le rapport *Vers une croissance verte* (OCDE, 2011a) indique : « L'innovation est au cœur de la transformation d'une économie. À l'origine de la destruction créatrice, elle donne naissance à de nouvelles idées, à de nouveaux entrepreneurs et à de nouveaux modèles d'entreprise. Elle contribue à l'établissement de nouveaux marchés, conduit à la création de nouveaux emplois et constitue un ingrédient essentiel dans toutes les initiatives visant à améliorer la qualité de vie de la population ». L'innovation est également indispensable pour relever les grands défis environnementaux (encadré 1.6). Pour faire de la croissance verte une réalité, il faut accroître la production économique tout en maintenant ou en réduisant les besoins en intrants prélevés dans l'environnement. Dans une situation où les systèmes de gestion et de gouvernance des pêches sont opérants, le seul moyen d'obtenir une croissance continue est d'innover dans une optique de création de valeur, de création de nouveaux marchés ou de réduction des coûts. Les panneaux de chalut qui ne saccagent pas les fonds marins constituent un progrès considérable, car ils évitent de perturber les écosystèmes de ces fonds, ce qui profite à la société.

En ce qu'elles améliorent la qualité des captures et les quantités pêchées, réduisent les coûts de capture et se traduisent par des gains privés et sociaux plus importants, les nouvelles techniques et les innovations peuvent être des moteurs de croissance. Certaines innovations relèvent intégralement du secteur privé et peuvent être motivées par la quête de profits supplémentaires. D'autres sont favorisées par les avancées technologiques du secteur public, par la volonté de réduire les coûts (de surveillance et de police des pêches, par exemple) et par des investissements du secteur public.

La Stratégie de l'OCDE pour l'innovation définit cinq principes susceptibles d'aider les pouvoirs publics à utiliser l'innovation (notamment l'innovation verte) pour améliorer la performance économique, résoudre des problèmes de société et accroître le bien-être. Ces cinq principes sont : i) doter les individus des moyens nécessaires pour innover ; ii) libérer l'innovation ; iii) créer du savoir et le mettre en application ; iv) mobiliser l'innovation pour relever les défis planétaires et sociaux ; et v) améliorer la gouvernance et la mesure des politiques au profit de l'innovation. Toute stratégie de croissance verte appliquée au secteur de la pêche devrait s'attacher à trouver des moyens concrets de mettre en œuvre ces principes dans ce secteur.

Encadré 1.6. L'innovation au service de la croissance verte

L'innovation sera un important moteur de la transition vers une croissance verte. Sans elle, il sera très difficile et très coûteux de « verdir » l'économie. En repoussant la frontière au-delà de laquelle l'épuisement du capital naturel a des conséquences négatives sur la croissance globale, l'innovation peut aider à découpler la croissance de l'épuisement des ressources naturelles. L'innovation et le processus de destruction créatrice qu'elle entraîne donnent naissance à de nouvelles idées, à de nouveaux entrepreneurs et à de nouveaux modèles d'entreprise. Elle contribue ainsi à l'établissement de nouveaux marchés et, à terme, à la création de nouveaux emplois. L'innovation est donc essentielle pour que le souci de l'environnement aille de pair avec la croissance.

Source : OCDE (2011e), *Fostering Innovation for Green Growth*, Études de l'OCDE sur la croissance verte, Éditions OCDE, Paris. http://dx.doi.org/10.1787/9789264119925-en.

Si le secteur privé est le principal moteur d'innovation, les politiques publiques peuvent elles aussi soutenir l'innovation verte. D'après les travaux de l'OCDE, lorsque l'innovation verte est entravée par les défaillances du marché, une intervention des pouvoirs publics pour remédier à ces défaillances peut se justifier (OCDE, 2011e). Favoriser l'innovation verte suppose l'existence de signaux de marché clairs et stables et la recherche fondamentale à long terme pourrait nécessiter des investissements publics, éventuellement par le biais de la coopération internationale. L'OCDE souligne également que l'on pourrait avoir besoin d'interventions publiques spécifiques pour soutenir les investissements privés dans l'innovation, la R-D et l'aide aux technologies génériques en encourageant l'entrepreneuriat et en facilitant la transition vers les technologies vertes dans les petites et moyennes entreprises.

Dans la pêche et l'aquaculture, les innovations dépendent dans une large mesure des cadres législatifs régissant l'utilisation durable des ressources halieutiques et des autres ressources naturelles. La taille réglementaire des captures, les règles encadrant les prises accessoires et les rejets, et les critères concernant les engins conduisent par exemple les fabricants de filets et les pêcheurs à chercher de nouvelles solutions et de meilleures techniques de pêche. La volonté de réduire les coûts liés à la consommation d'énergie a également une incidence sur la conception des coques et des engins, mais aussi sur la technologie des moteurs et sur l'installation de systèmes performants de mesure du débit de carburant.

Les innovations visant à limiter les déchets ont conduit à de nouvelles utilisations de la matière première : fabrication de colle à partir de certaines parties des poisons, extraction de peptides bioactifs (des arêtes, de la tête), extraction de chitine (de la carapace des crevettes), fabrication de sauces de poisson, fabrication d'objets en peau de poisson, etc. En règle générale, lorsqu'il existe un marché ou la possibilité d'en créer ou d'en développer un, l'innovation et les produits suivent (comme ce fut le cas, par exemple, avec les compléments alimentaires à base d'huile de poisson). Dans l'Union européenne, où les rejets seront interdits à partir de 2014, les pêcheurs devront débarquer des prises pour lesquelles il n'y a pas de marché. Il faudra donc trouver des utilisations alternatives et de nouveaux marchés – ensilage ou fourrage, par exemple – pour utiliser utilement cette matière première.

L'utilisation de systèmes électroniques de contrôle à distance via la vidéosurveillance en circuit fermé associée aux journaux de pêche électroniques est un exemple d'innovation dans le secteur public (encadré 1.7). Cela peut faire baisser les coûts de surveillance, les observateurs devenant inutiles, tout en permettant une couverture et une efficacité accrues. Le Danemark et les États-Unis sont très actifs sur ce front et s'efforcent de faciliter la surveillance et le contrôle des activités de pêche. Un secteur de la pêche « entièrement transparent » se caractérise par des journaux de pêche détaillés et, simultanément, l'utilisation de systèmes de surveillance électronique qui enregistrent, via plusieurs capteurs et caméras en circuit fermé, les activités de pêche et les opérations de manipulation des prises. Les enregistrements des capteurs et les images vidéo permettent de vérifier rétrospectivement les informations consignées dans les journaux de pêche.

Encadré 1.7. L'expérience danoise de la surveillance et de la télédétection

Sur la période 2010-12, le Danemark a mis en place dans ses pêches, à titre expérimental, un système de gestion par des quotas de capture reposant sur un relevé systématique. Avec l'introduction de cette comptabilité stricte fondée sur des quotas de capture et non sur des quotas de débarquement, le pêcheur n'est plus incité à optimiser la valeur de sa prise en rejetant les poissons les moins rémunérateurs, mais à utiliser des méthodes de pêche sélective pour optimiser la valeur de l'ensemble de ce qu'il soustrait au stock. Cette expérience visait à déterminer si la gestion par quotas de capture constituait un moyen fiable de comptabiliser toutes les prises de cabillaud, si elle fournissait des données scientifiques de meilleure qualité et si elle encourageait les pêcheurs à être plus sélectifs et à réduire les captures accidentelles. La principale caractéristique de ce test est que toutes les prises comptent dans le quota du navire et que les navires de pêche sont suivis de port à port grâce à des capteurs et à la technologie de la vidéosurveillance. Le suivi électronique à distance a permis de collecter des données tout au long de la période d'expérimentation et, d'après les journaux de pêche électroniques, les navires ont passé 80 000 heures en mer, ont réalisé environ 1 114 sorties de pêche et ont mené environ 9 800 opérations de pêche pendant toute la durée du projet.

Source : Ministère de l'Alimentation, de l'Agriculture et des Pêches du Danemark, *Yield of Fish* http://agrifish.dk/fisheries/fishery-statistics/

Encadré 1.8. Utilisation des débitmètres au Royaume-Uni

Les débitmètres sont utiles aux patrons de pêche, car ils mettent en lumière les variations de la consommation de carburant que provoquent les changements de régime. Un régime moteur plus bas entraîne des économies substantielles de carburant. Cette information permet de déterminer le régime moteur optimum quand le navire se dirige vers sa zone de pêche, avec une perte de vitesse minimale. D'après plusieurs patrons de pêche, dans ces conditions, un débitmètre peut être amorti en moins de six mois.

Source : Seafish (2008), « Work currently being undertaken by Seafish to improve fuel efficiency in the fishing fleet », *Factsheet/Datasheet*, avril.

Le coût élevé de l'énergie, auquel sont confrontés de nombreux pêcheurs, a favorisé les innovations en matière d'efficacité énergétique. Au Royaume-Uni, Seafish est un exemple de coopération entre le secteur privé et le secteur public pour promouvoir l'innovation. La structure se finance par des prélèvements, à la première vente, sur les produits de la mer débarqués et importés au Royaume-Uni. L'objectif est de contribuer à la durabilité environnementale, au rendement et à la rentabilité du secteur et à améliorer ces paramètres, ainsi qu'à promouvoir les aliments d'origine marine issus d'un approvisionnement respectueux de l'environnement. Seafish œuvre à l'installation de systèmes de mesure du débit de carburant sur les navires de pêche et travaille sur divers dispositifs visant à réaliser des économies d'énergie, en intervenant notamment sur la conception des engins et des bateaux. Ce type de recherche profite au secteur halieutique britannique (encadré 1.8).

Le programme Nordic Marine Innovation (qui relève du Conseil nordique) finance plusieurs programmes et conférences promouvant l'innovation. Il a notamment financé un projet de prélèvement des arêtes intramusculaires sur les cabillauds et les corégones blancs, le développement de nouveaux produits bioactifs à base d'algues, des opérations de marketing, notamment des systèmes de présentation du poisson et des produits de la mer chez les détaillants. Le projet North Atlantic Marine Cluster est particulièrement intéressant : il vise à renforcer les relations, faciliter le partage des résultats de la recherche et établir des comparaisons au sein du secteur de la mer.

Dans la démarche de croissance verte, une utilisation plus efficace des ressources est essentielle. Dans le secteur de la pêche, l'utilisation des poissons rejetés, des prises accessoires et des déchets de découpe, entre autres, peut encore être considérablement améliorée. L'un des objectifs de la Stratégie de l'OCDE pour une croissance verte est de réformer les politiques qui empêchent le progrès (obligation pour les pêcheurs de débarquer leurs poissons étêtés et vidés ou de rejeter les poissons pour lesquels ils n'ont pas de quota par exemple). Pour savoir à quel niveau de la filière des améliorations sont possibles, il peut être utile d'instaurer un dialogue entre tous les acteurs du secteur.

La Stratégie de l'OCDE pour une croissance verte vise également à détecter des opportunités de croissance verte et à mettre en place un ensemble de politiques permettant de concrétiser ces opportunités. Récemment, on a pu observer par exemple que la valeur des sous-produits peut être supérieure si ces sous-produits sont utilisés comme aliment fonctionnel et dans des produits pharmaceutiques. À titre d'exemple, les peptides bioactifs se sont révélés être bons pour la santé, car ils contribuent à réduire la pression artérielle et ont un effet sur le cancer, l'obésité et le diabète. En outre, la peau des poissons peut également être utilisée dans le secteur du cuir. Un rapport, *Marine Biotechnology: Enabling Solutions for Ocean Productivity and Sustainability* (OCDE, 2012b), analyse entre autres le potentiel des biotechnologies marines et les difficultés rencontrées dans la mise en valeur des ressources biologiques marines, qui sont recelées dans des écosystèmes marins complexes sur lesquels nos connaissances sont encore limitées. Le rapport conclut notamment sur la nécessité de coopérer, à l'échelle internationale, à la valorisation de ces ressources et à l'élaboration d'un cadre de surveillance – incluant des indicateurs économiques – qui permettrait de mieux cerner le potentiel de croissance verte que revêt le milieu marin.

Plusieurs nouvelles espèces ont fait leur apparition dans la production aquacole ces dernières années (le Pangasius, par exemple) et les scientifiques s'efforcent de maîtriser le cycle de vie d'autres espèces. L'alimentation des larves après éclosion est le principal enjeu. Il faut aussi savoir que seule une petite partie des connaissances sur une espèce peut s'appliquer à une autre. En d'autres termes, maîtriser une nouvelle espèce demande d'intenses travaux en laboratoire et suppose de recommencer à zéro pour chaque espèce. Pour les espèces telles que la truite et le saumon, le processus de production est acquis, alors que le cycle de reproduction d'autres espèces dotées d'un fort potentiel, comme le thon rouge et l'anguille, n'est pas encore totalement maîtrisé.

L'élevage du Pangasius s'est considérablement développé. Au Viet Nam, la production de cette espèce est passée de 100 000 tonnes en 2000 à plus d'1.4 million de tonnes en 2008, une croissance fulgurante qui pose néanmoins des problèmes environnementaux et sociaux. La production de crevettes a elle aussi connu une forte croissance, grâce au développement d'espèces exemptes d'agents pathogènes ou résistantes aux agents pathogènes. Pour parvenir à ce niveau de croissance, il faut naturellement un marché des consommateurs mature ainsi que des capacités logistiques et de transformation.

On continue à chercher un moyen d'utiliser moins de farine de poisson et surtout d'huile de poisson dans les aliments composés destinés aux espèces carnivores. Pour une croissance durable de la production aquacole, il faut des sources d'alimentation qui puissent aussi se développer, or il est probable que de nombreuses espèces sauvages aujourd'hui utilisées ne puissent supporter de plus hauts niveaux de capture. La recherche sur de nouvelles sources de matières premières pourrait apporter une solution. Ces nouvelles sources sont notamment les algues et les moules (initiative Nordic Innovation) pour la truite et le tilapia. Il s'agit également de changer les aliments composés utilisés dans l'élevage de turbot. Ces aliments de substitution peuvent aussi permettre des économies substantielles.

De nouveaux systèmes de production aquacole devant permettre de réduire l'impact environnemental de cette activité sont à l'étude. Les systèmes de recirculation et les systèmes intégrés multitrophiques sont deux des solutions proposées pour récupérer les nutriments qui autrement seraient déversés dans l'environnement (encadré 1.9).

Encadré 1.9. Canada : Programme d'innovation en aquaculture et d'accès aux marchés (2008-13)

Le Programme d'innovation en aquaculture et d'accès aux marchés (PIAAM) avait pour objectif global de catalyser les investissements du secteur privé et d'autres branches d'activité dans l'aquaculture, de manière à :

- améliorer la compétitivité de l'aquaculture canadienne et sa performance environnementale, à l'échelle mondiale, en mettant l'accent sur sa capacité à se développer en permanence et à adopter des technologies et des techniques de gestion novatrices ;
- positionner les produits aquacoles canadiens dans le haut de gamme sur le marché, en s'appuyant sur leur performance environnementale, leur traçabilité et d'autres facteurs.

Ces objectifs allaient dans le sens des résultats stratégiques visés par le MPO en termes de pêche et d'aquaculture durables et d'écosystèmes aquatiques sains et productifs. La contribution financière du PIAAM devait permettre aux bénéficiaires de planifier, gérer et mener à bien des projets grâce auxquels ces résultats stratégiques seraient concrétisés. Le PIAAM, dont les priorités étaient établies en collaboration avec les provinces, les territoires et les parties prenantes du secteur, était un processus national concurrentiel dans le cadre duquel des appels de propositions étaient lancés chaque année. Le programme ciblait les projets d'un an à même de procurer à leur échéance des avantages concrets à l'ensemble du secteur.

Dans le cadre de ce programme, le MPO pouvait débloquer chaque année 4.5 millions USD au maximum pour soutenir les initiatives d'innovation et 0.2 million USD au maximum pour appuyer les initiatives d'accès au marché.

Source : Pêches et Océans Canada (2014), *Programme d'innovation en aquaculture et d'accès au marché (2008-2013)*, www.dfo-mpo.gc.ca/aquaculture/aimap-piamm/index-fra.htm.

Croissance verte dans la pêche et l'aquaculture

Actuellement, dans l'ensemble des indicateurs de croissance verte de l'OCDE, seul un indicateur concerne la pêche : la proportion des stocks halieutiques se situant dans les limites biologiques de sécurité (à l'échelon mondial), exprimée par le pourcentage des stocks qui sont exploités sans dépasser leur productivité biologique maximale. Cet indicateur est certes important, mais il ne prend pas en considération tous les éléments dont les décideurs du secteur doivent tenir compte dans leur démarche de croissance verte.

Encadré 1.10. Indicateurs phares

Parce qu'elle comporte de multiples facettes, la croissance verte nécessite de recourir à un nombre suffisant d'indicateurs pour rendre compte des divers aspects en jeu. Cependant un large tableau de bord risque aussi de nuire à la clarté du message adressé aux décideurs de même qu'à la communication avec les médias et les citoyens. L'une des façons de s'attaquer au problème est de construire un indicateur composite. Les avantages d'un indicateur composite, à savoir communication facilitée et présentation synthétique, doivent néanmoins être mesurés au regard des problèmes à résoudre pour choisir les unités et facteurs de pondération nécessaires afin d'agréger des éléments très différents. On se propose [...] de sélectionner un ensemble restreint d'indicateurs « phares » capables de suivre les éléments centraux du concept de croissance verte et représentatifs d'un ensemble plus large de questions liées à la croissance verte. Tout reste à faire dans ce domaine et de vastes débats et consultations devront être engagés, car, inévitablement, la composition de l'ensemble d'indicateurs ne fera pas l'unanimité parmi les différents acteurs intéressés. L'OCDE est prête à s'atteler à cette tâche.

Source : OCDE (2011a), *Vers une croissance verte*, Études de l'OCDE sur la croissance verte, Éditions OCDE, Paris. http://dx.doi.org/10.1787/9789264111332-fr.

Un bon indicateur est un indicateur qui ne laisse pas de place à l'ambigüité – dans lequel toute hausse de valeur est soit toujours bon signe, soit toujours mauvais signe. Ainsi, les débarquements totaux ne constituent pas un bon indicateur, car les hausses ne sont bonnes que si elles procèdent d'une activité exercée dans un souci de durabilité. Cet indicateur nécessite pour être compris d'être replacé dans un contexte. Il en va de même pour d'autres mesures économiques telles que l'emploi, le nombre de navires ou le profit, où il est important de savoir si la croissance est « verte » ou non. En revanche, la rente de quota est un bon indicateur, car elle reflète vraiment la valeur actuelle nette de la pêche, et intègre donc implicitement le critère de durabilité.

Les indicateurs phares sont un moyen efficace de faire la synthèse de la situation de la pêche pour le grand public. Le suivi des progrès et la mesure des résultats font partie intégrante de la Stratégie de l'OCDE pour une croissance verte, mais l'entreprise peut se révéler complexe (encadré 1.10). Des indicateurs synthétiques peuvent être un moyen d'adresser des messages essentiels sous une forme abordable et de pousser l'opinion publique à soutenir le changement. Par exemple, le message « une hausse de 50 % de la production alimentaire est nécessaire d'ici à 2050 » attire l'attention sur les pressions auxquelles la croissance démographique soumet le système alimentaire, les enjeux sous-jacents étant très complexes. Souvent cité, le message selon lequel la gestion optimale des pêches permettrait de dégager 50 milliards USD de revenus annuels supplémentaires (Banque mondiale, 2009) est probablement trop précis, mais fait entendre que les bénéfices sont réalisables et potentiellement très élevés. L'OCDE peut proposer des indicateurs phares. En effet, non seulement l'Organisation s'attache à définir des indicateurs pertinents dans le cadre de sa Stratégie pour une croissance verte, mais les informations collectées par le Comité des pêcheries peuvent étayer ces indicateurs. La base de données sur les transferts financiers publics mesure et classe le soutien aux pêches, soulignant l'attention qu'accordent les autorités au secteur ou bien les réformes potentielles à réaliser.

De manière plus générale, les indicateurs doivent permettre de suivre des tendances et des changements structurels, d'attirer l'attention sur des questions qui appellent des analyses plus poussées et peut-être une intervention des pouvoirs publics, et de jauger l'efficacité des politiques dans l'optique de la croissance verte (OCDE, 2011b). Les grands principes suggérés par l'OCDE peuvent aider à sélectionner des indicateurs pertinents pour mesurer la croissance verte (encadré 1.11). Lorsque les indicateurs directs sont peu pratiques ou ambigus, on peut recourir à des indicateurs indirects. Mesurer la disponibilité ou l'utilisation d'audits énergétiques permet de constater la prise de conscience des problématiques environnementales par les pêcheurs et mesure indirectement l'efficacité énergétique.

Ces grands principes ont été utilisés pour proposer plusieurs indicateurs sur un certain nombre d'aspects de la production halieutique et aquacole (tableau 1.3). Ces indicateurs ne sont toutefois pas censés être exhaustifs ou définitifs.

Encadré 1.11. Principes à retenir pour le choix des indicateurs destinés à mesurer les progrès de la croissance verte

Pertinence	Le jeu d'indicateurs doit être pertinent pour l'action des pouvoirs publics ; il doit en particulier : • couvrir de façon équilibrée les principaux aspects de la croissance verte, en mettant l ceux qui présentent de l'intérêt à la fois pour les pays membres de l'OCDE et pou partenaires ; • être facile à interpréter et transparent ; • permettre les comparaisons entre pays ; • être adaptable aux différents contextes nationaux et analysables à différents niveaux c d'agrégation.
Justesse d'analyse	Les indicateurs doivent reposer sur des fondements analytiques justes et faire l'objet d'un consens leur validité. Ils doivent pouvoir être reliés aux modélisations et projections économiques et environr
Mesurabilité	Les indicateurs doivent s'appuyer sur des données disponibles ou qui peuvent le devenir raisonnable, dont la qualité est reconnue et qui sont régulièrement actualisées.

Note : ces principes et critères décrivent un indicateur « idéal ». Tous ne seront pas respectés en pratique.

Source : OCDE (2011b), *Vers une croissance verte : suivre les progrès - Les indicateurs de l'OCDE*, Études de l'OCDE sur la croissance verte, Éditions OCDE, Paris. http://dx.doi.org/10.1787/9789264111370-fr.

Tableau 1.3. Possibles indicateurs de croissance verte dans les pêches

Indicateur	Objectif	Commentaires
Indicateurs de l'action publique		
Transferts financiers publics en % de valeur	Mesurer l'effort des pouvoirs publics par rapport à l'envergure du secteur. Indique parfois la dépendance du secteur vis-à-vis du soutien public et la valeur sociale du secteur par rapport à son importance économique.	Le dénominateur de cet indicateur reflète l'ampleur des transferts financiers publics ; il peut correspondre à la valeur des quantités débarquées, au nombre de navires ou équivalent. Les différents dénominateurs mettent l'accent sur différents aspects du secteur.
Composition des transferts financiers publics	Mesurer l'objet de l'action publique et le champ des objectifs qu'elle vise. Indique parfois les incidences des mesures.	Cet indicateur peut constituer une base d'analyse pour mesurer les incidences de l'action publique, mais ne suffit probablement pas.
Répartition des coûts de la gestion des pêches	Mesurer la part des coûts de gestion assumée par les pêcheurs. Indique parfois la valeur nette du secteur.	En lien avec la mesure des transferts financiers publics en pourcentage puisqu'il indique l'ampleur du soutien public, mais en s'intéressant aux coûts de gestion.
Indicateurs biologiques		
État des stocks	Principal indicateur de la santé et de la durabilité des pêches.	La taille des stocks se mesure par exemple au regard de la biomasse totale ou féconde et par rapport au niveau du rendement maximal durable ou du rendement économique maximal.
Biodiversité	Mesurer la résilience et la productivité de l'écosystème.	Malgré l'importance accordée à la gestion de la biodiversité, les liens entre pêches, aquaculture et biodiversité sont complexes et il est difficile de construire des indicateurs.

Tableau 1.3. Possibles indicateurs de croissance verte dans les pêches (*suite*)

	Indicateurs économiques sur la pêche	
Valeur par navire	Mesurer la concentration économique et les recettes. Faible indicateur de la rentabilité et des revenus.	Il s'agit d'un indicateur proportionnel ; plusieurs équivalents pourraient être créés avec la valeur ou le volume des captures en numérateur et les navires, entreprises ou pêcheurs en dénominateur.
Capacité de la flotte	Mesurer la capitalisation des pêches. Indique la surcapacité potentielle.	Un indicateur proportionnel connexe serait le rapport entre les navires actifs et l'ensemble des navires. La surcapacité technique n'est pas toujours néfaste, ce qui complique l'interprétation de cet indicateur.
Valeur des quotas	Mesurer les rentes des pêches.	Il peut s'agir d'une mesure plus utile de la capacité et de la rentabilité, mais elle s'applique uniquement lorsqu'il existe des quotas individuels.
	Indicateurs de gestion des pêches	
Existence d'une règle de contrôle des captures	Mesurer les capacités techniques de la gestion des stocks.	Les règles de contrôle des captures représentent des approches systématiques de la gestion des stocks, qui définissent les niveaux de capture autorisés pour une taille de stock donnée (mesurée).
Existence d'un mécanisme d'appel	Mesurer la qualité de la gouvernance.	C'est l'un des critères de bonne gouvernance présenté dans ce rapport.
Organisation d'événements formels permettant aux parties prenantes de participer	Mesurer la qualité de la gouvernance.	C'est l'un des critères de bonne gouvernance présenté dans ce rapport.
Part des débarquements relevant de la pêche INN	Mesurer la qualité de la police des pêches.	Parfois difficile à estimer. Parmi les autres solutions possibles figurent les dépenses de suivi, contrôle et surveillance, le respect des accords internationaux, les règles de l'État du pavillon.
Surpêche	Mesurer la qualité de la fixation des TAC et du contrôle de leur observation.	En lien avec l'état du stock. Un stock peut être « surexploité », « menacé de surpêche » ou les deux. Indicateur parfois compliqué à appliquer dans le cadre de plans de reconstitution qui autorisent temporairement la surpêche.
	Indicateurs de l'aquaculture	
Ratio de conversion alimentaire	Efficacité d'utilisation des ressources (quantité d'ingrédients tels que farine et huile de poisson utilisés dans l'alimentation, composition des produits, technologie utilisée, déperdition d'aliments, croissance et maladie des poissons), productivité, quantité de rejets.	Systèmes d'élevage utilisant des produits alimentaires.
Qualité de l'eau	Impact environnemental sur l'eau aux alentours, risque de maladie.	Systèmes d'élevage utilisant des produits alimentaires.
Fugitifs	Risque biologique.	Élevages de poissons, hormis les systèmes à recyclage d'eau.
Médicaments	Risque de maladie, risque pour la santé humaine.	Tous les systèmes d'élevage.

Tableau 1.3. Possibles indicateurs de croissance verte dans les pêches (*suite*)

Consommation énergétique	Contribution au changement climatique, efficacité d'utilisation des ressources.	Tous les systèmes d'élevage.
Consommation d'eau	Efficacité d'utilisation des ressources.	Systèmes d'élevage en eau douce.
Usage des sols	Efficacité d'utilisation des ressources.	Systèmes d'élevage terrestres.
Contribution au PIB	Impact économique.	Tous les systèmes d'élevage.
Création d'emplois	Impact économique.	Tous les systèmes d'élevage.

Des travaux sont en cours en Norvège pour mettre au point un ensemble d'indicateurs de la croissance verte dans le secteur de l'élevage de saumon. Les principaux problèmes environnementaux auxquels doit faire face l'aquaculture norvégienne sur le court terme sont la fuite des saumons d'élevage et la propagation du pou du poisson à partir des sites aquacoles. Pour s'y attaquer, le gouvernement norvégien a lancé des travaux visant à élaborer et mettre en œuvre un système d'*indicateurs de durabilité*, assortis de seuils d'intervention (graphique 1.5). Ce système s'appuie sur une proposition de l'Institut norvégien de la recherche maritime et de l'Institut vétérinaire norvégien, avec la contribution de l'Institut norvégien de recherche sur la nature. Tout en encourageant la poursuite des recherches, les pouvoirs publics vont évaluer et actualiser en continu ces indicateurs et les seuils d'intervention en tenant compte des connaissances les plus récentes.

Viser la croissance verte

Dans le futur, l'aquaculture devrait devenir la principale source de croissance de l'approvisionnement en poissons, mollusques et crustacés. Le secteur halieutique n'a pas forcément à en pâtir, mais lui-même et les gestionnaires des pêches devront réagir à cette mutation annoncée.

Graphique 1.5. Le système des indicateurs de la durabilité en Norvège

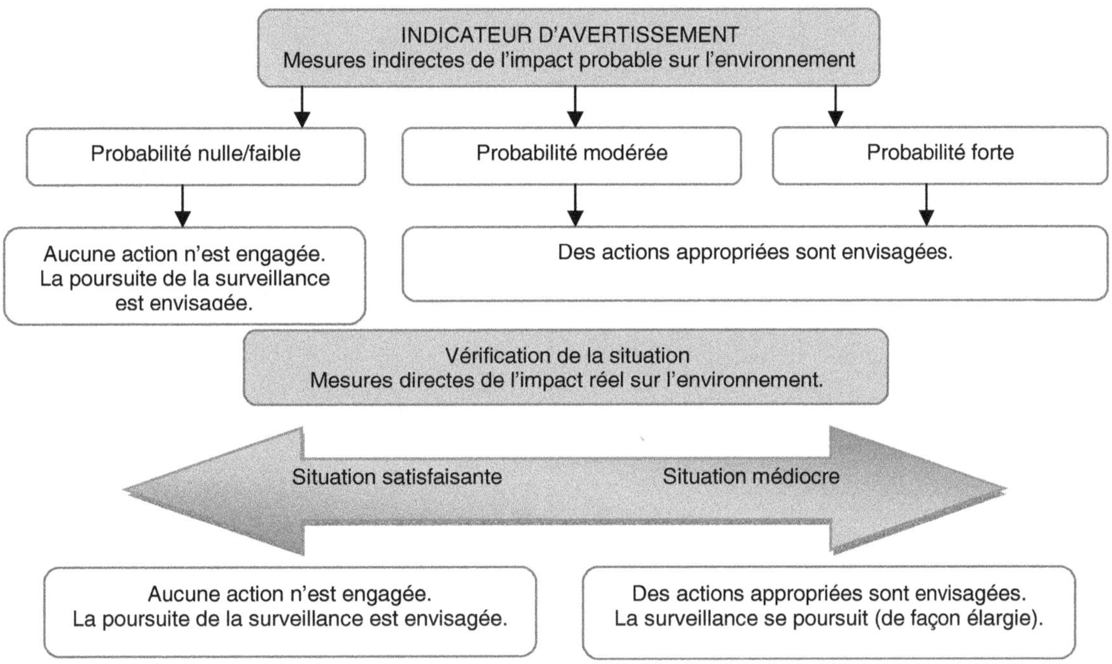

Source : Ministère norvégien de la Pêche et des Activités côtières.

Les réformes en faveur de la croissance verte peuvent contribuer à rendre la pêche compétitive aujourd'hui et demain. Avec une mondialisation grandissante, l'aquaculture va de plus en plus se poser en concurrent sérieux pour un nombre croissant d'espèces. D'autres usagers des ressources marines vont également accroître leur productivité et l'étendue de leurs activités, et devenir des utilisateurs plus compétitifs des intrants marins. L'efficience économique est la clé de la compétitivité. Pour protéger l'avenir de la pêche, les décideurs vont devoir mettre en place de nouveaux cadres réglementaires grâce auxquels les pêcheurs pourront exercer leur activité de la façon la meilleure et la plus productive, et donc résister à la concurrence de l'aquaculture.

Tant dans le secteur de la pêche que dans celui de l'aquaculture, nombreuses sont les approches qui ont favorisé la croissance. L'innovation continuera d'être un vecteur important de croissance et les nouvelles technologies un moyen de résoudre les différends et de gérer les restrictions imputables aux interactions entre ces deux secteurs. Les pouvoirs publics ont un rôle de promotion de l'innovation à jouer, via la recherche publique ou la promotion de la recherche-développement privée.

Il ressort du concept de croissance verte que si la gestion des pêches n'est pas revue, les revenus des pêcheurs seront bas et leurs coûts excessifs, et les finances publiques y perdront. À l'heure où l'on s'intéresse de plus en plus près au niveau des dépenses publiques, réformer la politique de la pêche est, pour les décideurs, un levier intéressant à actionner. Opérer cette réforme dans une optique de croissance verte procurera des avantages environnementaux, économiques et fiscaux (moyennant l'élargissement de la base d'imposition), démarginalisant le secteur si nécessaire. Cette approche profitable à tous pourrait rencontrer la résistance de certains groupes et c'est pourquoi il est indispensable, au préalable, de dégager un consensus entre toutes les parties prenantes. Il conviendra donc de prévoir des panoplies de mesures, notamment des dispositifs d'accompagnement efficaces, répondant aux préoccupations des groupes qui pourraient se trouver lésés par une réforme qui par ailleurs ne peut que profiter à l'ensemble de la société.

Références

Asche, F. (2008), « Farming the Sea », *Marine Resource Economics*, Vol. 23, pp. 527–547.

Arnason, R. (2012), *Managing Commercial and Recreational Fisheries: Issues an challenges*, Document interne de l'OCDE.

Banque mondiale (2013), « Fish to 2030: Prospects for fisheries and aquaculture », *Agriculture and Environmental Services Discussion Paper*, n° 3, Groupe de la Banque mondiale, Washington D.C. www.dfo-mpo.gc.ca/aquaculture/sustainable-durable/index-eng.htm ; www.akvaplan.niva.no/en/resource_centre/news_detail/maximus_a_new_european_funded_r4smes_project.

Banque mondiale (2009), *The Sunken Billions*, Groupe de la Banque mondiale, Washington, D.C.

Bell, J.D., K.M. Leber, H.L. Blankenship, N.R. Loneragan et R. Masuda (2008), « A new era for restocking, stock enhancement and sea ranching of coastal fisheries resources », *Reviews in Fisheries Science*, Vol. 16(1-3), pp. 1-9.

Bostock, J., B. McAndrew et al. (2010), « Aquaculture: Global Status and Trends », *Philosophical transactions of the Royal Society,* Vol. 365, pp. 2897-2912, http://dx.doi.org/10.1098/rstb.2010.0170.

Charles, A. (2011), « Integrated Ocean Management and the Fisheries Sector », Document interne de l'OCDE.

FAO (2012), *La situation mondiale des pêches*, FAO, Rome.

Garcia, S.M., et A.A. Rosenberg (2010), « Food Security and Marine Capture Fisheries: Characteristics, Trends, Drivers and Future Perspectives », *Philosophical Transactions of the Royal Society,* Vol. 365, pp. 2869-2880, http://dx.doi.org/10.1098/rstb.2010.0171.

IFFO (2012), « Aquaculture and Green Growth workshop », Présentation diffusée lors de l'atelier sur l'aquaculture et la croissance verte organisé du 2 au 13 décembre 2012 à Yeosu, en Corée, Document interne de l'OCDE.

Jackson, J.S. (2010), « Connections between farmed and wild fish: Fishmeal and fish oil as feed ingredients in sustainable aquaculture », in OCDE, *Advancing the Aquaculture Agenda: Workshop Proceedings*, Éditions OCDE, Paris, http://dx.doi.org/10.1787/9789264088726-22-en.

National Marine Fisheries Service (2010), *Fisheries of the United States 2009*, Silver Spring, Maryland.

OCDE/FAO (2014), *Perspectives agricoles de l'OCDE et de la FAO, 2014-2021*, Éditions OCDE, Paris, http://dx.doi.org/10.1787/agr_outlook-2014-fr.

OCDE (2013a), *OECD Review of Fisheries: Policies and Summary Statistics 2013*, Éditions OCDE, Paris, http://dx.doi.org/10.1787/rev_fish-2013-en.

OCDE (2013b), *Moyens d'action au service de la croissance verte en agriculture*, Études de l'OCDE sur la croissance verte, Éditions OCDE, Paris, http://dx.doi.org/10.1787/9789264204140-fr.

OCDE (2012a), « Summary of Discussions/Presentations and Case Studies », Atelier sur l'aquaculture et la croissance verte organisé du 2 au 13 décembre 2012 à Yeosu, en Corée, Document interne de l'OCDE.

OCDE (2012b), « Marine Biotechnology: Enabling Solutions for Ocean Productivity and Sustainability », Document interne de l'OCDE.

OCDE (2011a), *Vers une croissance verte*, Études de l'OCDE sur la croissance verte, Éditions OCDE, Paris, http://dx.doi.org/10.1787/9789264111332-fr.

OCDE (2011b), *Vers une croissance verte : suivre les progrès - Les indicateurs de l'OCDE*, Études de l'OCDE sur la croissance verte, Éditions OCDE, Paris, http://dx.doi.org/10.1787/9789264111370-fr.

OCDE (2011c), *Fisheries Policy Reform: National Experiences*, Éditions OCDE, Paris, http://dx.doi.org/10.1787/9789264096813-en.

OCDE (2011d), « Tools for Delivering on Green Growth », document préparé pour la Réunion du Conseil de l'OCDE au niveau des Ministres de 2011, Paris.

OCDE (2011e), *Fostering Innovation for Green Growth*, Études de l'OCDE sur la croissance verte, Éditions OCDE, Paris, http://dx.doi.org/10.1787/9789264119925-en.

OCDE (2010), « Rapport intermédiaire de la Stratégie pour une croissance verte : concrétiser notre engagement en faveur d'un avenir durable », Réunion du Conseil de l'OCDE au niveau des ministres, 27-28 mai, C/MIN(2010)5.

OCDE (2009), *Renforcement des organisations régionales de la pêche*, Éditions de l'OCDE, Paris, http://dx.doi.org/10.1787/9789264073357-fr.

OCDE (2007), *Les mécanismes du marché au service de la pêche*, Éditions de l'OCDE, Paris, http://dx.doi.org/10.1787/9789264036680-fr.

OCDE (2006), *Rechercher la cohérence : les pêcheries et les politiques de développement,* Objectif développement, Éditions de l'OCDE, Paris, http://dx.doi.org/10.1787/9789264023970-fr.

OCDE (2003), *Coûts de gestion des pêcheries*, Éditions OCDE, Paris, http://dx.doi.org/10.1787/9789264099784-fr.

Seafish (2008), *Work currently being undertaken by Seafish to improve fuel efficiency in the fishing fleet*, Factsheet/Datasheet, avril.

Sumaila, U.R. et al. (2012), « Benefits of rebuilding global marine fisheries outweigh costs », *PloS one 7.7*: e40542.

Chapitre 2

La croissance verte dans les pêches

Ce chapitre suivra chaque étape de la Stratégie de l'OCDE pour une croissance verte (SGV), en les traitant une à une et en les appliquant au contexte des pêches. Il met en évidence la contribution que les pêches peuvent apporter à la SCV globale dans un pays, et l'application que cette stratégie peut avoir dans le secteur de la pêche. Il souligne la nécessité d'une approche de la gestion des stocks solide et fondée sur la science comme fondement de la durabilité de la ressource, cette approche devant être associée à un cycle d'élaboration des politiques transparent et réactif pour garantir que les pêches fournissent le plus d'avantages possible.

La Stratégie de l'OCDE pour une croissance verte peut contribuer à ce que les pêches engendrent une croissance économique durable, ainsi qu'un développement régional et rural, et atteignent des objectifs environnementaux comme la réduction des émissions liées au changement climatique. La SCV propose une approche structurée visant à aider les responsables de l'action publique à déterminer et à surmonter les problèmes actuels et à mettre en place un processus de formulation des politiques qui cible des objectifs clairs grâce à des réformes pragmatiques.

Concevoir un modèle de croissance verte

Pour élaborer une stratégie propice à la croissance verte, la première étape consiste à définir une vision d'ensemble du secteur des pêches. Il convient d'identifier les problèmes et les risques afin de déterminer les avantages potentiels d'éventuelles améliorations. La surpêche et la pêche illégale, la surcapacité, les déchets et le manque d'efficacité sont des problèmes auxquels tous les pays sont confrontés, d'une manière ou d'une autre, et cette section s'attache à en analyser les coûts. Par ailleurs, on observe l'émergence de nouvelles sources de croissance verte susceptibles d'aider les pouvoirs publics à quantifier les bénéfices d'une réforme et de persuader les parties prenantes de l'intérêt d'un changement.

Les risques de l'inaction

Surpêche

La surpêche réduit la durabilité de la ressource, érodant les avantages potentiels qu'en retirent les pêcheurs, les consommateurs et la société dans son ensemble. Afin de comprendre les raisons pour lesquelles la surpêche persiste malgré des répercussions négatives largement reconnues, il est nécessaire d'analyser le fonctionnement des mesures incitatives et des institutions du secteur halieutique. Souvent, le problème des pêches relève d'un manque de coordination, les mesures incitatives qui visent les pêcheurs à titre individuel ayant des effets négatifs à l'échelle de la collectivité. Ce phénomène est qualifié de « tragédie des biens communs ».

Mais le problème relève aussi des institutions et de l'infrastructure économique et sociale qui sous-tendent l'activité halieutique. Si les gestionnaires des pêches ne parviennent pas à fixer ou à faire respecter des restrictions garantissant l'exploitation durable de la ressource, cela est dû à l'incapacité des institutions à intégrer dans leur processus décisionnel toutes les informations disponibles, à l'influence des groupes de pression et des cycles électoraux, et au manque de retours d'expérience, surtout négatifs, suite aux mesures instaurées. Quand l'information scientifique est incertaine ou peu fiable, il convient de privilégier les négociations. Or, certaines structures de gouvernance se prêtent plus que d'autres à l'adoption d'une vision à long terme indispensable à l'exploitation viable des ressources.

Encadré 2.1. Aichi : But stratégique B, Objectif 6

D'ici à 2020, tous les stocks de poissons et d'invertébrés et plantes aquatiques sont gérés et récoltés d'une manière durable, légale et en appliquant des approches fondées sur les écosystèmes, de telle sorte que la surpêche soit évitée, des plans et des mesures de récupération soient en place pour toutes les espèces épuisées, les pêcheries n'aient pas d'impacts négatifs marqués sur les espèces menacées et les écosystèmes vulnérables, et l'impact de la pêche sur les stocks, les espèces et les écosystèmes reste dans des limites écologiques sûres.

Source : Convention sur la diversité biologique, www.cbd.int/sp/targets/.

Il est communément admis, à l'échelle internationale, que les stocks de poissons doivent être améliorés. Le Plan de mise en œuvre du Sommet mondial pour le développement durable de Johannesburg (2002) appelait, entre autres, à « maintenir ou rétablir les stocks à un niveau permettant d'obtenir un rendement maximal constant, le but étant d'atteindre d'urgence cet objectif pour les stocks épuisés, et si possible en 2015 au plus tard ». Plus récemment, le Plan stratégique 2011-20 pour la biodiversité, mieux connu sous le nom d'objectifs d'Aichi, appelait de ses vœux une gestion durable des stocks halieutiques d'ici à 2020 (encadré 2.1). Les travaux du COFI et le Code de conduite pour une pêche responsable élaboré par la FAO font le point sur les différentes manières, concrètes et fondées sur des éléments tangibles, d'atteindre les objectifs de croissance verte dans le domaine de la pêche.

Pêche illégale, non déclarée et non réglementée

La pêche illégale, non déclarée et non réglementée (INN) est une pratique qui accentue le risque d'appauvrissement de certaines espèces et nuit aux écosystèmes (encadré 2.2). En juin 2012, la Conférence des Nations Unies sur le développement durable Rio+20 a réaffirmé la détermination des parties à supprimer la pêche INN, soulignant combien cette activité compromet l'exploitation durable des zones de pêche. Dans le Plan d'action international de la FAO visant à prévenir, à contrecarrer et à éliminer la pêche illicite, non déclarée et non réglementée, il est indiqué en introduction que

> « la question de la pêche illicite, non déclarée et non réglementée dans les pêcheries mondiales donne lieu à des préoccupations graves, qui vont croissant. La pêche illicite, non déclarée et non réglementée compromet les efforts de conservation et de gestion des stocks de poissons dans toutes les pêches de capture. Lorsqu'ils se trouvent confrontés à la pêche illicite, non déclarée et non réglementée, les organes nationaux et régionaux de gestion des pêches peuvent voir leurs objectifs de gestion mis en échec. Cette situation entraîne la perte de perspectives sociales et de débouchés économiques tant à court qu'à long terme et nuit à la sécurité alimentaire et à la protection de l'environnement. La pêche illicite, non déclarée et non réglementée peut provoquer l'effondrement d'une pêcherie ou porter gravement préjudice aux efforts de reconstitution des stocks déjà très appauvris. Les instruments internationaux existants visant la pêche illicite, non déclarée et non réglementée ont jusqu'ici été inefficaces, faute de volonté politique, d'un rang de priorité suffisant, de capacités et de ressources pour les ratifier ou y adhérer et pour les appliquer » (FAO, 2001).

Outre qu'elle porte atteinte à l'environnement et menace la biodiversité, la pêche INN détériore les conditions de travail des professionnels, nuit aux marchés proposant du poisson pêché légalement, encourage la corruption et restreint les perspectives de sécurité alimentaire, de croissance et de stabilité économique, surtout dans les pays côtiers en développement.

Depuis peu, les pouvoirs publics tendent à envisager la pêche INN dans le contexte plus large de la criminalité. Cette approche part du principe que la pêche INN s'accompagne habituellement d'autres activités illégales et qu'elle en a même besoin (délits financiers, fraudes fiscales, violations du droit du travail, dont notamment l'esclavage et le trafic et la traite d'êtres humains). Interpol agit dans ce domaine à travers son projet Scale.

Encadré 2.2. Qu'est-ce que la pêche INN ?

« Pêche INN » est un terme général qui recouvre des activités de pêche très diverses, pour la plupart illicites. Par définition, la pêche illégale est répréhensible. Toute activité halieutique devant être déclarée mais qui ne l'est pas (ou fait l'objet de fausses déclarations) l'est également. Si la pêche non réglementée n'est pas forcément répréhensible, elle peut dans certains cas entraver la durabilité des pêches.

De manière générale, la pêche INN dans son ensemble enfreint les règlements nationaux ou internationaux applicables à l'activité halieutique, ou du moins ignore n'en tient aucun compte.

Par pêche illégale, on entend des activités de pêche :

(1) effectuées par des navires nationaux ou étrangers dans les eaux placées sous la juridiction d'un État, sans l'autorisation de celui-ci, ou contrevenant à ses lois et règlements ;

(2) effectuées par des navires battant pavillon d'États qui sont parties à une organisation régionale de gestion des pêches compétente, mais qui contreviennent aux mesures de conservation et de gestion adoptées par cette organisation et ayant un caractère contraignant pour les États ou aux dispositions pertinentes du droit international applicable ;

(3) contrevenant aux lois nationales ou aux obligations internationales, y compris celles contractées par les États coopérant avec une organisation régionale de gestion des pêches compétente.

Encadré 2.2. Qu'est-ce que la pêche INN ? *(suite)*

Par pêche non déclarée, on entend des activités de pêche :

(1) qui n'ont pas été déclarées, ou l'ont été de façon fallacieuse, à l'autorité nationale compétente, contrevenant ainsi aux lois et règlements nationaux ;

(2) entreprises dans la zone de compétence d'une organisation régionale de gestion des pêches compétente, qui n'ont pas été déclarées ou l'ont été de façon fallacieuse, contrevenant ainsi aux procédures de déclaration de cette organisation.

Par pêche non réglementée, on entend des activités de pêche :

(1) qui sont menées dans la zone de compétence d'une organisation régionale de gestion des pêches compétente par des navires sans nationalité, ou par des navires battant pavillon d'un État non partie à cette organisation, ou par une entité de pêche, d'une façon non conforme ou contraire aux mesures de conservation et de gestion de cette organisation ;

(2) qui sont menées dans des zones, ou visent des stocks pour lesquels il n'existe pas de mesures applicables de conservation ou de gestion, et d'une façon non conforme aux responsabilités de l'État en matière de conservation des ressources biologiques marines en droit international.

Source : FAO (2002), *Mise en œuvre du Plan d'action international visant à prévenir, contrecarrer et éliminer la pêche illicite, non déclarée et non réglementée.* Directives techniques pour une pêche responsable 9, Rome, 2002.

Surcapacité

La surcapacité, à savoir la capacité excédentaire d'une flotte par rapport au stock cible, peut menacer la conservation et l'exploitation durable des ressources biologiques marines. Elle réduit la productivité moyenne des pêcheurs et peut accroître excessivement l'effort de pêche. La surcapacité immobilise le capital et pousse les gestionnaires à augmenter le total autorisé de capture pour satisfaire les professionnels ou diverses demandes de soutien. Un excès de capacité accroît également la probabilité de la pêche INN, les navires disponibles pour cette activité étant plus nombreux.

Encadré 2.3. Remédier à la surcapacité dans l'Union européenne

Depuis les années 1990, l'Union européenne a cessé d'étendre sa flotte de pêche pour l'adapter aux ressources naturelles disponibles. Entre 2007 et 2013, environ 840 millions EUR ont servi à la réduire de 4 000 navires. Au total, entre 2000 et 2014, la flotte de pêche de l'UE a été réduite de plus de 25 %. Le choix de combiner les plans de gestion à long terme, de créer des opportunités de pêche conformes aux objectifs de rendement maximal durable (RMD) et de désarmer des navires a allégé la pression exercée sur la ressource. Pour la première fois, les stocks ont montré des signes de reconstitution encourageants : une pêche écologiquement viable s'avère aussi plus rentable, puisqu'elle optimise les bénéfices et les revenus du secteur, qui contribue en conséquence à améliorer le bien-être des collectivités côtières.

À l'échelle mondiale, il convient d'agir plus encore pour atteindre le juste équilibre entre capacité de pêche et ressources. Malgré les améliorations notables apportées ces dernières années aux règles et processus internationaux, trop souvent, les principes et les obligations générales qui en découlent ne sont pas appliqués. Leur respect laisse encore à désirer et les violations sont à peine sanctionnées. Si certaines batailles ont d'ores et déjà été remportées, notamment au vu du nombre croissant de stocks de thon rouge exploités dans l'Atlantique, en mer du Nord et mer Baltique à des niveaux de rendement maximal durable, d'autres combats restent à mener, par exemple, à l'échelle internationale, concernant la pêche INN ou le subventionnement public considérable de capacités de pêche nuisibles.

Si les règles et les orientations sont définies, leur mise en application nécessite une volonté politique plus affirmée. Le Plan d'action de la FAO visant la surcapacité et les recommandations des ORGP issues du processus de Kobe pour réduire et transférer les capacités concernant le thon constituent un premier pas, mais exigent une mise en œuvre concrète.

Il est important de disposer d'outils pour évaluer et surveiller la capacité mondiale, par exemple un registre mondial des navires ou un système unique d'identification des navires. Les mesures de coercition et les sanctions ont également un rôle à jouer, tout comme les initiatives volontaires conjointes, notamment dans la lutte contre la pêche illégale. Ces outils spécifiques devraient s'inscrire dans une approche cohérente pour chaque zone de pêche océanique, incluant l'élaboration de mesures de soutien et d'échange.

Source : DG MARE, Commission européenne.

Les pays membres de l'OCDE ont mobilisé des efforts considérables pour réduire la surcapacité, notamment au travers de programmes de désarmement. Ces efforts n'ont pas toujours eu les résultats escomptés. Dans certains cas, la capacité supprimée finit par réintégrer le secteur, ou l'effort de pêche n'est pas réduit dans les proportions attendues. Cependant, certaines mesures aident les pouvoirs publics à remédier aux problèmes de capacité, et les faits montrent qu'une gestion pertinente des capacités peut avoir des effets positifs significatifs (OCDE, 2009) (encadré 2.3).

Utilisation inefficace des ressources

Une part substantielle des ressources halieutiques n'est pas consommée. Les captures sont en partie perdues sous la forme de rejets, jamais débarqués. Parmi les quantités débarquées, les rognures issues de la transformation présentent une faible valeur ; non commercialisables, elles sont éliminées. Le poisson étant souvent vendu frais (et donc périssable), un pourcentage de la marchandise est jeté soit par les détaillants parce qu'invendu, soit par les consommateurs parce qu'abîmé.

Les rejets et les prises accessoires correspondent aux captures non désirées ou non autorisées (encadré 2.4). Si les rejets revêtent certainement un aspect économique, les mesures en place agissent très souvent de deux manières : soit elles exigent ou interdisent les rejets, soit elles modifient le calcul économique en décidant s'il convient de rejeter les prises ou non. L'écrémage consiste ainsi à conserver uniquement le poisson très prisé et à rejeter le reste. Cette sélection varie selon la répartition des quotas entre les pêcheurs, et selon le suivi et la mise en application des restrictions régissant ces activités.

Souvent, les rejets s'apparentent à un usage sous-optimal des ressources. Au-delà des déchets physiques directs de biomasse de poissons, les rejets impliquent une production inefficiente, puisque des efforts sont consacrés à les capturer, à les trier et à les éliminer. Les rejets compliquent l'évaluation de l'effort de pêche et de la mortalité par pêche, les captures divergeant des quantités débarquées. Au regard de l'environnement, ils peuvent nuire aux espèces cibles, aux espèces menacées et aux écosystèmes. Selon les estimations, 8 % des captures marines mondiales sont rejetées, ce qui correspond à 7 à 8 millions de tonnes par an (Kelleher, 2005). Les taux de rejets (la proportion de captures rejetées) varient grandement selon l'engin de pêche. Les chalutiers de fond et les chaluts à crevette sont responsables de 50 % des rejets mondiaux. En règle générale, la pêche artisanale et les engins passifs s'accompagnent de taux de rejet inférieurs à ceux de la pêche industrielle pratiquée avec des engins actifs. Le volume de rejets a diminué ces dernières décennies grâce à une gestion plus efficace des pêches, à l'utilisation d'engins sélectifs et à de meilleures pratiques de pêche dans les pays de l'OCDE, et à l'utilisation des prises accessoires pour nourrir les élevages aquacoles dans les pays en développement.

L'activité présente de nombreux risques, et le statu quo ne semble pas viable à plus d'un titre (graphique 2.1). Des solutions existent cependant pour faire face à ces risques et à d'autres facteurs qui entament la productivité, la rentabilité et la durabilité potentielles des pêches. Ces risques sont aussi l'occasion de dégager de nouveaux bénéfices et une nouvelle croissance en exploitant les ressources halieutiques. La section suivante examine les avantages des réformes qui cherchent à atténuer ces risques ou qui génèrent pour le secteur de la pêche de nouvelles sources de croissance durable.

Encadré 2.4. Les rejets gaspillent les ressources et compliquent la gestion

Les rejets, à savoir la proportion des captures rejetée en mer (le plus souvent des poissons morts, mourants ou très abîmés), représentent une partie importante des captures marines mondiales et apparaissent en général comme un gaspillage de la ressource. Publiée en 1994, la première évaluation mondiale estimait le volume total de rejets à 27 millions de tonnes (Alverson et al., 1994). Selon la dernière étude mondiale menée par la FAO en 2005, ce chiffre est tombé à 7.3 millions de tonnes, mais les deux chiffres ne sont pas totalement comparables. Même si le premier a été surestimé et le second sous-estimé, le recul semble notable. La dernière évaluation correspond à un pourcentage pondéré de rejets de 8 % à l'échelle mondiale. On observe cependant de grandes disparités selon les méthodes de pêche et les régions (Kelleher, 2005).

Source : FAO (2012), *Pertes et gaspillages alimentaires dans le monde – Ampleur, causes et prévention*, Rome.

Graphique 2.1. Les risques de l'inaction dans le secteur des pêches

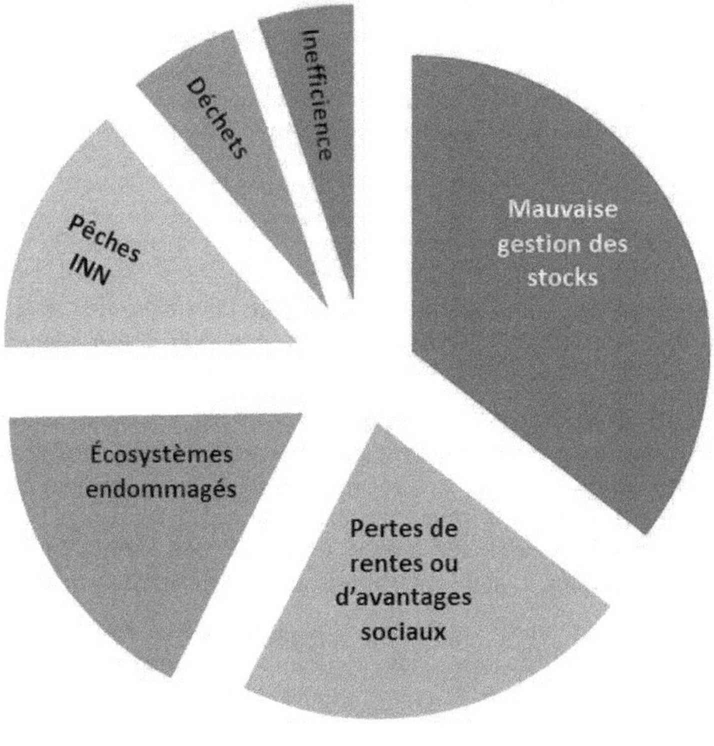

Le potentiel de croissance verte

Meilleure gestion des ressources

Dans de nombreuses juridictions, les stocks appauvris ont fait ou font l'objet de mesures de reconstitution. Les parties prenantes sont plus conscientes que jamais des limites de la ressource, les consommateurs exigent des approches durables, et les pouvoirs publics réforment leurs modes d'action. Aux États-Unis par exemple, les autorités ont pris des mesures suite à la promulgation de la loi Magnuson-Stevens, reconstituant ainsi 28 stocks de poisson et renforçant l'activité halieutique à hauteur de 585 millions USD supplémentaires par an (NRDC, 2014). À l'échelle mondiale, la reconstitution pourrait dégager 50 milliards USD de revenus supplémentaires (Banque mondiale, 2009 ; Sumaila et al., 2012).

Il est prouvé qu'une meilleure gestion des stocks, en augmentant les prises par unité d'effort, permet une hausse du profit. Une étude de la New Economic Foundation (NEF) explique qu'au Royaume-Uni, pour débarquer la même quantité de poisson qu'en 1889, les chalutiers britanniques doivent aujourd'hui fournir un effort 17 fois plus important – ce qui équivaut à une baisse de productivité de 94 % (Crilly et Esteban, 2011). Il semble également que reconstituer 39 stocks de l'Atlantique Nord-Est pourrait générer jusqu'à 14.62 milliards GBP de chiffre d'affaires brut par an (Crilly et Esteban, 2012).

La gestion des pêches a évolué. Le passage d'une pêche en accès libre à une pêche réglementée est presque achevé, au moins dans les zones économiques exclusives (ZEE) des pays développés. Bien mieux qu'auparavant, les systèmes de gestion contrôlent les captures, assurent la durabilité des stocks de poissons et répartissent ces stocks entre les utilisateurs. Au niveau international, les directives relatives aux bonnes pratiques et des accords tels que le Code de conduite de la FAO pour une pêche responsable (FAO, 1995) sont sources d'améliorations, certes lentes, mais indispensables (graphique 2.2). La nécessité d'instaurer des systèmes de gestion « modernes » qui adoptent une perspective plus large est de plus en plus manifeste. En plus de veiller à la seule durabilité (certes son principal objet), la gestion moderne des pêches définit le rôle que les pêches devraient jouer dans l'économie et la société, ainsi que les approches de gestion les plus avantageuses au moindre coût, tant pour les pêcheurs que pour les pouvoirs publics.

Graphique 2.2. Évolution de la gestion des pêches

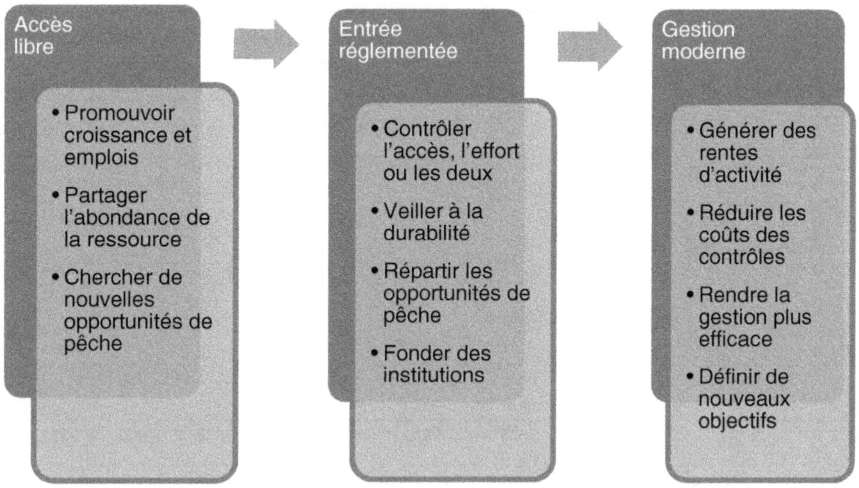

Le secteur présente un potentiel de croissance considérable non seulement pour produire plus de poissons, mais aussi pour tirer un revenu supérieur de chaque poisson pêché. Réduire les coûts et accroître la valeur des produits favorisent également l'essor économique des pêches tout en respectant les limites naturelles. Et reconstituer les stocks est l'une des meilleures façons d'y parvenir. La densification des populations de poisson facilite la capture d'espèces autorisées et réduit les coûts. Améliorer la structure d'âge du stock en veillant à la bonne santé des populations peut également augmenter le nombre de poisson de taille moyenne, souvent plus prisés.

Pour la plupart, les zones de pêche nationales exclusives ne sont exposées à aucun risque d'effondrement à court terme, même si leur production n'atteint pas son potentiel maximum. Les zones de pêche hauturière – situées au-delà des ZEE (soit habituellement à 200 milles au large des côtes) – subissent des pressions plus fortes dans la mesure où elles sont exploitées par les flottes de nombreux pays, mais aussi parce qu'elles font l'objet d'intenses activités illégales, non déclarées ou non réglementées (pêche INN). Dans ces zones en haute mer, le recours à des technologies perfectionnées qui renforcent l'efficacité des mesures de suivi et de mise en application et en atténuent les coûts peut améliorer la situation.

La pêche représente une part importante de l'économie rurale, même si le nombre de pêcheurs et de bateaux baisse dans la plupart des pays de l'OCDE à mesure que les opportunités de pêche diminuent et que l'activité se concentre (graphique 2.3). L'âge moyen des pêcheurs augmente et nombre d'entre eux quitteront le secteur au cours des dix prochaines années. La volonté de préserver la contribution de la pêche à l'économie locale, surtout si celle-ci est désavantagée ou offre peu de solutions de substitution, incite souvent les pouvoirs publics à maintenir la taille et la répartition des flottes de pêche et des activités auxiliaires comme la transformation. Or, cet objectif ne cadre pas avec les approches fondées sur le jeu du marché, telles que les quotas individuels transférables (QIT), qui encouragent la concentration et la rationalisation de la capacité de pêche. Pour atteindre la croissance verte, l'une des difficultés consiste à trouver un équilibre entre les enjeux sociaux et le coût économique de la perte d'efficience. Il conviendra de trouver des solutions nouvelles évitant ce dilemme, la meilleure devant être à la fois efficiente sur le plan économique et acceptable pour la collectivité.

Graphique 2.3. Nombre de pêcheurs et de navires de pêche dans certains pays de l'OCDE, 1999-2012

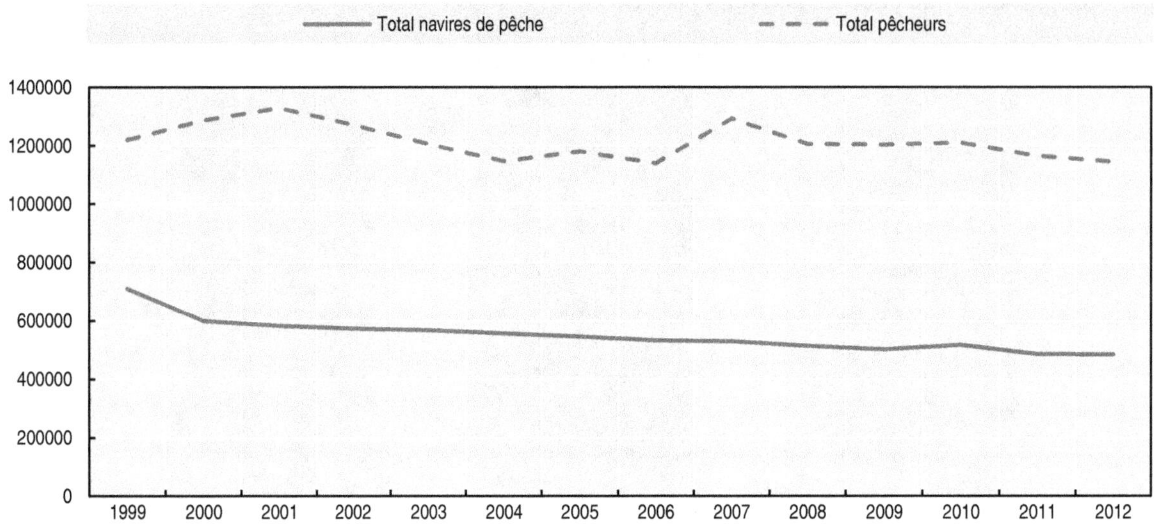

Note : Données non disponibles pour les États-Unis, le Luxembourg, la Hongrie, la République tchèque et la République slovaque.
OCDE (2014), « Pêcheries : Flotte de pêche » et « Pêcheries : Emploi dans la pêche », *Statistiques agricoles de l'OCDE* (base de données).
http://dx.doi.org/10.1787/data-00218-fr et http://dx.doi.org/10.1787/data-00219-fr.

Les actions visant à ce que toutes les activités halieutiques soient légales et déclarées peuvent être très avantageuses, parce qu'elles accroissent les recettes de l'État, augmentent les prix du poisson et améliorent l'utilisation de la ressource, entre autres. D'après les estimations, la plus-value se situe entre 10 et 23 milliards USD par an (Agnew et al., 2009). Ainsi, selon Agnew (2010), accorder des licences à la flotte illégale opérant en Afrique de l'Ouest accroîtrait les recettes publiques de 4 millions USD. Exclure les navires illégaux optimiserait plus encore les avantages pour la collectivité en générant 71 millions USD supplémentaires. De même, Bonini (2011) estime que les pêcheurs de thon dans l'Atlantique Est et la Méditerranée verraient leurs bénéfices nets progresser de 18 millions USD en cinq ans si la pêche illégale était supprimée et si les niveaux de capture actuels étaient respectés strictement, puisque cela rétablirait la durabilité du stock de thon rouge et permettrait aux pêcheurs d'obtenir un prix supérieur.

Réduire les déchets

Pour l'essentiel, la croissance verte nécessite de rendre plus efficiente l'utilisation des ressources naturelles, afin de favoriser la croissance économique même lorsque ces ressources sont disponibles en quantités limitées. Réduire les déchets peut aider sensiblement à gagner en efficience. La valeur mondiale des déchets imputables au secteur halieutique est estimée à 100 milliards USD par an, et à 45 milliards USD si l'on exclut le gaspillage économique dû à la surpêche. Des études complémentaires sont certes nécessaires, mais on estime qu'une réduction des déchets aiderait à économiser environ 30 milliards USD par an (tableau 2.1).

Améliorer la gestion des pêches est indispensable à la croissance économique continue du secteur halieutique comme à la bonne santé et à la durabilité des écosystèmes marins. Mais il est possible de faire plus encore. Les innovations visant à réduire les sources de déchets et d'inefficience seront bénéfiques. De même, innover dans de nouveaux produits tels que les aliments fonctionnels et dans les utilisations non alimentaires peut ouvrir des perspectives inédites afin d'accroître la valeur de la pêche en mer (par exemple avec les gélules d'huile de poisson). Si les chercheurs parviennent à approfondir les connaissances scientifiques du rapport entre pêches et écosystèmes, cela diminuera les risques et améliorera la gestion de l'activité. Un meilleur respect de la réglementation atténuera le problème de la pêche INN, d'où de meilleurs résultats sur les plans économique, social et écologique.

Tableau 2.1. Gains potentiels d'une réduction des déchets des pêches, en milliards USD par an

Type de déchets	En milliards USD
A. Déchets des pêches	59.9
A.1. Pêche en mer (y compris la perte de rentes)	56.1
A.2. Pêche continentale (y compris la perte de rentes)	3.8
A.3. Aquaculture (les externalités positives compensent celles négatives)	0.0
B. Déchets et pertes post-capture (transformation, distribution)	28.5
C. Déchets de consommation et déchets des ménages	10.0
D. Externalités non comprises par ailleurs (y compris les émissions)	6.3
Total	104.6

Source : Kelleher (2013), « Green Growth and Waste », document interne de l'OCDE.

Coopération internationale

L'expérience montre que les pays peuvent améliorer la situation de leur secteur halieutique en coopérant à la gestion des pêches. En effet, quand des pays agissent de manière unilatérale sans tenir compte des incidences de leurs pêches sur d'autres utilisateurs de la ressource, ils exploitent alors les ressources au-dessus du niveau optimal pour la collectivité (Levhari et Merman, 1980 ; Kaffine et Costello, 2011). Autrement dit, tous les pays gagnent à coopérer.

Pour les pays exploitant des ressources communes, il est classique de coopérer en concluant des accords de type traité, qui partagent les responsabilités en matière d'évaluation des stocks, établissent une règle de fixation du total admissible de capture (TAC) et répartissent les opportunités de pêche entre pays. A l'intérieur de chacun des pays, en général, l'allocation n'est pas régie par l'accord, de sorte que les pêcheurs ciblant un même stock alors qu'ils sont de pays distincts opèrent parfois suivant des systèmes réglementaires différents et n'obéissent pas aux mêmes incitations. Les résultats de cette approche sont fonction de la qualité de l'évaluation du stock et des règles d'exploitation en vigueur, et de l'efficacité des systèmes nationaux de suivi, contrôle et surveillance (SCS).

Il s'agit là d'une solution concrète, souvent efficace, mais qui ne tient pas compte des avantages potentiels d'une extension à l'international des approches fondées sur le jeu du marché. Ainsi, la Norvège et l'UE coopèrent en mer du Nord dans le cadre d'un important système d'échanges de quotas. Les navires battant pavillon de l'UE bénéficient de quotas pour pêcher la morue polaire en mer de Barents ; en échange, les navires norvégiens ont un accès équivalent aux zones de l'UE. Cet accord, inspiré de modèles de gestion antérieurs à l'instauration de zones économiques exclusives (ZEE), vise à équilibrer les opportunités de pêche. De même, assouplir les restrictions imposant que les bateaux de pêche appartiennent à des nationaux peut faciliter la circulation des capitaux et des compétences entre pays.

La coopération internationale, qui dépasse la simple définition en commun de limites de capture, s'avère peut-être surtout essentielle pour le suivi, le contrôle et la surveillance ainsi que pour la prévention de la pêche INN. L'Accord de la FAO relatif aux mesures du ressort de l'État du port illustre bien la façon dont la coopération internationale axée sur le contrôle des quantités débarquées réduit la pêche INN. Plusieurs accords internationaux portent sur la pêche, le plus important étant probablement la Convention des Nations Unies sur le droit de la mer (UNCLOS) et le Code de conduite de la FAO pour une pêche responsable. La gouvernance des océans, qui implique de nombreuses organisations aux compétences et responsabilités variées, évolue depuis 20 ans face à la prise de conscience croissante de la nécessité d'une exploitation des stocks écologiquement viables, mais des améliorations sont encore possibles (graphique 2.4).

Graphique 2.4. Structure de la gouvernance internationale des océans

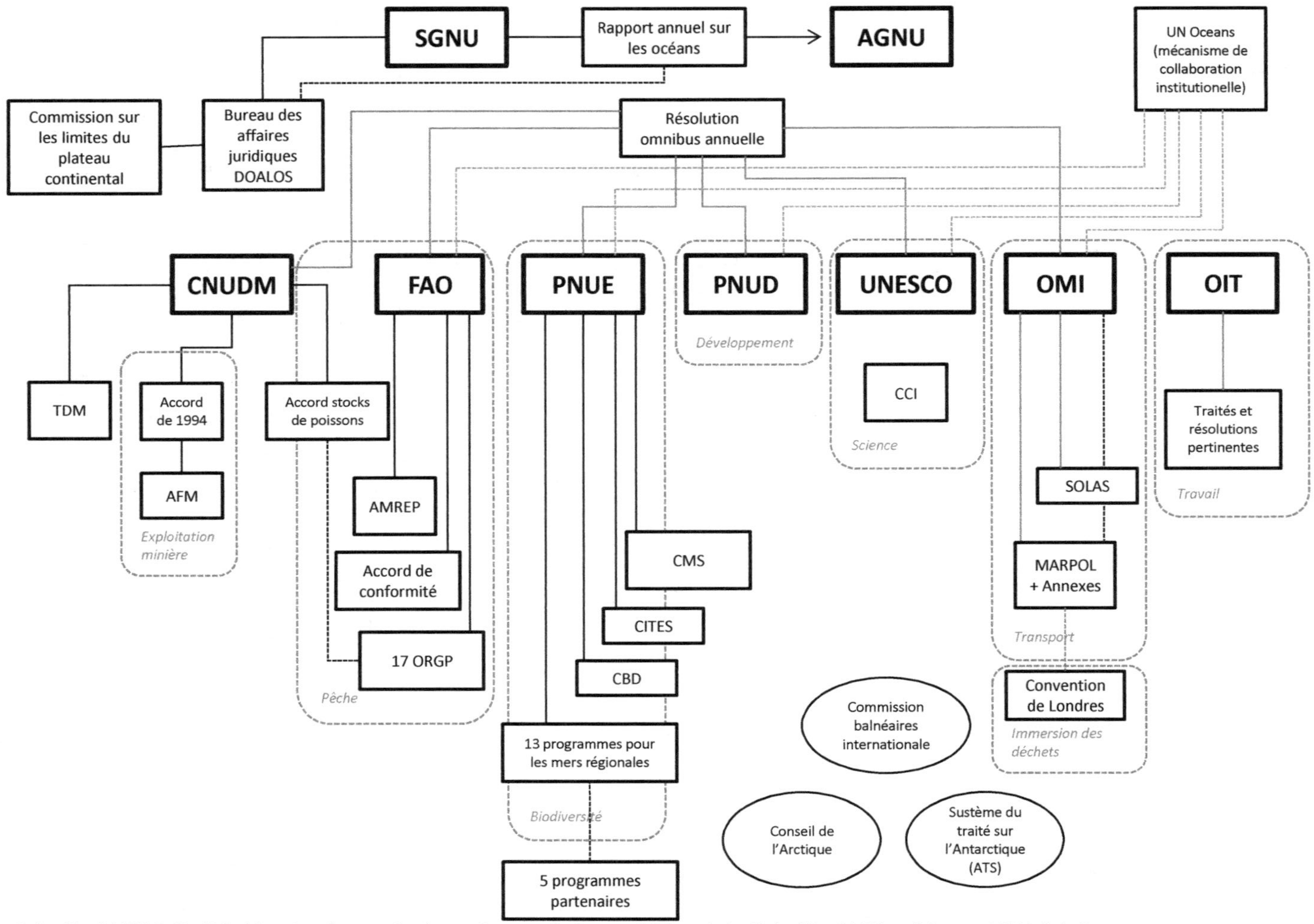

Source : Commission Océan Mondial (2014), *Du déclin à la restauration : un plan de sauvetage pour l'océan mondial*, Commission Océan Mondial, Résumé du rapport 2014, Oxford.

Les ORGP sont chargées de définir des mesures techniques et des mesures de gestion limitant par exemple captures ou effort, ainsi que de veiller au respect de ces mesures. L'application de ces mesures est obligatoire, et les États membres des ORGP les contestent rarement. La transparence et la participation des observateurs renforcent la crédibilité des ORGP. La plupart des ORGP procèdent à des analyses de performance, intègrent les nouvelles technologies – par exemple avec la surveillance électronique – et renforcent l'importance des avis scientifiques dans le processus décisionnel. Poursuivre ces améliorations peut se révéler très avantageux.

Améliorer la gouvernance mondiale des océans peut réduire les risques qui menacent les stocks halieutiques. L'adoption de nouvelles technologies renforçant la surveillance et le suivi des navires, l'enregistrement et le partage des informations, ainsi que la coordination des actions rendront la coopération internationale plus facile et plus efficace, à la fois en en réduisant le coût et en étendant le champ des possibilités. Investir pour améliorer données et connaissances scientifiques, mais aussi fonder le processus décisionnel sur les meilleurs avis scientifiques disponibles peut réduire les menaces pesant sur les stocks, optimiser le potentiel de la ressource et, ainsi, générer des dividendes.

Promouvoir la transition

La section précédente décrivait les risques d'un *statu quo*, soulignant les avantages potentiels d'une croissance verte pour les pêches. Ce chapitre analyse certaines des actions envisageables par les pouvoirs publics pour supprimer une partie des obstacles et faciliter les changements nécessaires à une croissance plus verte et durable dans le secteur halieutique.

Supprimer les obstacles à la croissance verte

En matière de pêche, les autorités ont étendu la portée de leur action. Outre la production alimentaire, l'emploi et l'activité économique, celle-ci vise désormais également la reconstitution et l'exploitation durable des stocks, la réduction de la capacité en excès et d'autres pressions exercées sur la ressource. Le perfectionnement des techniques de pêche a modifié notre perspective : auparavant jugés illimités pour la plupart, les stocks nécessitent aujourd'hui une gestion attentive, qui évite toute surpêche. Pourtant, l'action publique n'a guère changé. Dans le secteur halieutique, l'adoption d'une stratégie de croissance verte nécessite donc d'analyser les cadres d'action en place depuis longtemps, afin de déterminer s'ils répondent aux besoins actuels et futurs, et, le cas échéant, de les réformer.

Plus le temps passe, plus les réformes deviennent difficiles à réaliser. Les mesures en place bénéficient du soutien solide de leurs bénéficiaires, et les compétences et investissements déployés par les institutions pour les mettre en œuvre découragent également le changement. Cette dépendance est un élément bien connu de l'élaboration des politiques : les nouvelles approches tendent à s'appuyer sur des pratiques déjà solidement ancrées et sont influencées par ces dernières. La continuité apparaît souvent souhaitable dans la mesure où les investissements consentis par les pêcheurs s'inscrivent dans le long et où leur rentabilité est fonction du cadre établi.

Par sa Stratégie pour une croissance verte, l'OCDE privilégie une analyse systématique des mesures au regard d'indicateurs et d'objectifs clairs. Dans l'idéal, le cycle d'élaboration des politiques prévoit de réévaluer constamment la politique en cours, afin de s'assurer qu'elle est adaptée et que son efficacité est maximale par rapport à son coût. Dans le secteur halieutique, les réformes importantes semblent parfois intervenir seulement après une crise ; rompre ce modèle en anticipant peut éviter des risques et des difficultés.

Les pêches ont fait l'objet de changements majeurs, notamment avec l'extension des ZEE et le développement de nouvelles techniques de gestion, de bonne augure pour l'avenir (encadré 2.5). Les faits montrent qu'à force de résultats prometteurs, les États sont toujours plus nombreux à adopter ces techniques.

Encadré 2.5. Bref historique de la gestion des pêches

La gestion des pêches commerciales, surtout dans les pays développés, a changé avec l'extension des zones économiques exclusives (ZEE) des États côtiers à la fin des années 1970. Cette intervention a entrainé l'incorporation de la plupart des habitats côtiers productifs au territoire d'États-nations souverains et a permis de mettre fin au libre accès, à la fois inefficient sur le plan économique et non viable sur le plan biologique (Gordon, 1954 ; Hardin, 1968). Néanmoins, par la suite, la gestion des pêches a évolué en dents de scie.

- De nombreux pays, motivés par la quête d'une durabilité biologique et d'un rendement maximal durable, ont instauré des totaux admissibles de capture (TAC) saisonniers pour les espèces cibles, puis cherché à faire respecter ces limites en contrôlant la production (suivi du cumul des captures durant une campagne de pêche) et les moyens de production (limitation de la durée de la campagne, de la longueur ou de la puissance des navires, etc.).
- L'instauration de cet « accès libre réglementé » a limité la surexploitation des stocks dans une certaine mesure. Mais elle n'a pas empêché la libre concurrence dans les limites du TAC, encourageant la course au poisson : les pêcheurs ont pêché beaucoup trop intensivement et investit de manière inconsidérée dans leurs navires afin de dépasser leurs concurrents.
- Il en a résulté, en termes de coûts, une dilapidation des rentes de la pêche due à des entrées trop nombreuses, à la surcapitalisation et à la surconsommation d'intrants variables durant une même campagne, et, en termes de revenus, une dilapidation des rentes due à la surabondance induite par la course au poisson, contraignant les pêcheurs à vendre leur production sur des marchés bas de gamme (Homans et Wilen, 2005 ; Homans et Wilen, 1997).
- Les actions menées contre l'effort excessif, moyennant le rachat des bateaux ou la limitation de l'accès pour réduire le nombre de navires actifs, ont souvent peu d'incidence sur le plan économique (Wilen, 2006 ; Wilen, 1988), puisque les navires restant en activité sont toujours incités à dissiper la valeur économique en obtenant une plus grande partie des captures.
- En outre, bien que ces systèmes soient théoriquement à même de limiter l'exploitation biologique, ils en sont empêchés par l'inefficacité des moyens mis en œuvre pour faire respecter les TAC, alors même que la course au poisson est intense, que les autorités sont incitées à fixer les TAC à un niveau élevé pour remédier à court terme au gaspillage économique, et que les stocks sont mal évalués – d'où un échec biologique et économique persistant (Beddington, Agnew et Clark, 2007 ; Hilborn et al., 2003 ; Worm et al., 2009).

Dans bien des cas, les autorités ont progressivement changé de stratégie, estimant que bon nombre des difficultés rencontrées dans la gestion classique avaient une cause commune : l'absence de droits de propriété et d'exploitation précisément définis sur les stocks de poisson (Arnason, 2012b ; Grafton et al., 2006). Pour résoudre ce problème, il existe plusieurs formules (gestion fondée sur les droits, gestion fondée sur le marché, gestion fondée sur des incitations ou partage des prélèvements), qui consistent à allouer une partie de la production ou de la zone exploitée à des individus ou à des groupes d'individus.

- Les quotas individuels transférables (QIT) garantissent à leurs titulaires le droit d'exploiter durablement une part du TAC saisonnier et leur donne la possibilité, dans une certaine mesure, de louer ou vendre ce droit.
- Les coopératives de pêcheurs (Deacon, 2012) attribuent une part du TAC à plusieurs de leurs membres, qui allouent et gèrent ensuite ce quota suivant leur intérêt commun.
- Les droits d'usage territoriaux (Cancino, Uchida et Wilen, 2007 ; Wilen, Cancino et Uchida, 2012) réservent à certains groupes d'utilisateurs le droit d'exploiter les ressources contenues dans des espaces côtiers bien définis.

Si ces approches sont souvent très loin de garantir l'exclusivité, la sécurité, la durabilité et la transférabilité associées à des droits de propriété strictement opposables (Arnason, 2012b), elles éliminent néanmoins en grande partie la concurrence dispendieuse dont fait l'objet la ressource commune. En conséquence, elles abaissent le rythme des prélèvements, stoppent la surcapitalisation et la surconsommation d'intrants, et incitent à optimiser la valeur des captures et non plus leur volume. Largement utilisées désormais dans nombre de pays de l'OCDE, les solutions fondées sur les droits produisent des résultats économiques très convaincants (Abbott, Garber-Yonts et Wilen, 2010 ; Grafton et al., 2006 ; Hilborn, 2007b ; Hilborn, Orensanz et Parma, 2005 ; Leal 2005). L'amélioration des revenus est en effet spectaculaire, malgré les contraintes biologiques des TAC annuels. De plus, il ressort des données que ces approches aideraient à atteindre les objectifs écologiques de durabilité (Branch, 2009 ; Chu, 2009 ; Costello, Gaines et Lynham, 2008 ; Essington, 2010 ; Essington et al., 2012 ; Melnychuk et al., 2012), peut-être parce qu'elles facilitent la réalisation des objectifs de gestion en modérant le niveau des prélèvements et en incitant les pêcheurs, devenus acteurs de la santé future des stocks, à mieux prendre soin de la ressource. Si elles ne sont pas un remède à tous les maux de la gestion des pêches (Degnbol et al., 2006 ; Ostrom, Janssen et Anderies, 2007), les approches fondées sur les droits sont très utiles pour parer au manque d'incitations qui sape les régimes de gestion favorisant le *statu quo* (Beddington, Agnew et Clark, 2007 ; Worm et al., 2009).

Source : Abbot (2013) *Integrating Recreational Fisheries into Fisheries Management: Challenges and Opportunities*, rapport interne de l'OCDE.

Dans le secteur halieutique, viser la croissance verte ne consiste pas simplement à identifier les meilleures actions possibles ; il s'agit de trouver un processus de réforme qui fonctionne. L'ajustement n'est pas facile. Il crée des gagnants et des perdants, exigeant de chacun de croire en des mesures inédites, en vue d'un avenir potentiellement meilleur qu'avec des mesures éprouvées. Cet acte de foi nécessite d'être convaincu de la réalité des avantages potentiels, de la forte probabilité de les obtenir, et de l'intérêt du nouveau régime pour les individus portant le coût du changement.

Dans ses études, l'OCDE voit deux obstacles majeurs sur le chemin de la croissance verte : les bénéfices économiques sont modestes et il est difficile aux acteurs de se les approprier (graphique 2.5). Les pouvoirs publics disposent néanmoins de nombreuses solutions : la Stratégie de l'OCDE pour une croissance verte met l'accent sur les opportunités qu'offrent les capacités des marchés, la mondialisation et l'innovation. Cette stratégie souligne en outre qu'il est avantageux d'être le premier à viser la croissance verte. Figurer parmi les initiateurs d'actions propices à cette croissance peut garantir une position favorable sur les marchés verts, un avantage comparatif en matière de nouvelles technologies et, dans le cadre d'un changement positif, un retour sur investissement rapide.

Graphique 2.5. Diagnostic de la croissance verte

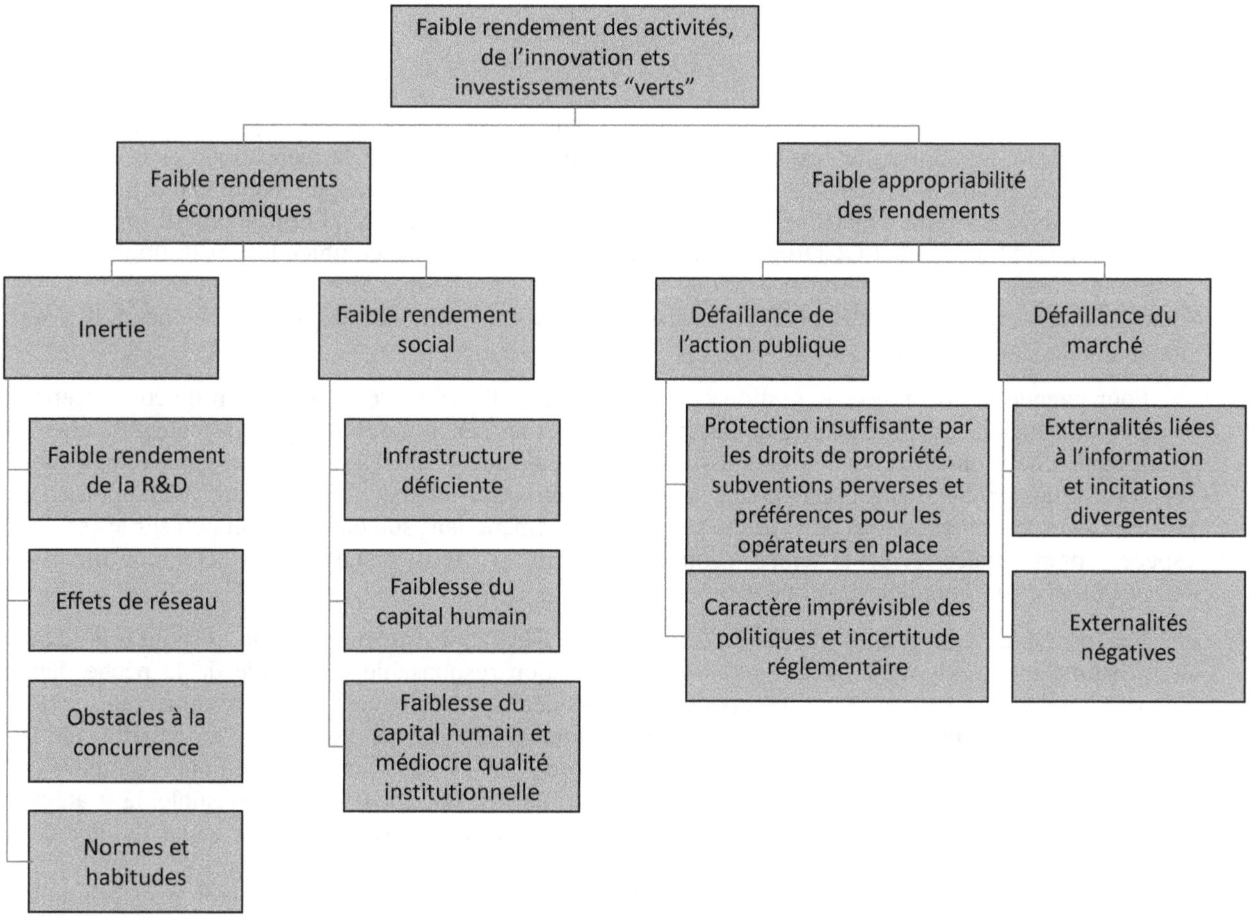

Source : OCDE (2011), Vers une croissance verte : résumé à l'intention des décideurs, brochure préparée pour la Réunion du Conseil de l'OCDE au niveau des ministres, 25-26 mai 2011, Paris.

Faciliter le changement

Que peuvent faire les pouvoirs publics pour orienter leurs économies vers une croissance verte ? Dans le secteur halieutique, plus encore qu'instaurer une réglementation et un cadre d'action, les décideurs doivent gérer directement les stocks de poissons et leur exploitation. Il appartient aux institutions publiques de gérer les pêches et les ressources océaniques, au service de la collectivité. Un stock constitue en effet un bien public qu'il convient, à ce titre, de gérer pour optimiser sa rentabilité tout en veillant aux risques associés à son exploitation.

Les pouvoirs publics déterminent une grande partie des retombées souhaitables des pêches. Améliorer la gouvernance représente donc pour eux une façon très directe et efficace d'encourager la croissance verte. La sous-section suivante énonce certains principes susceptibles d'optimiser l'organisation et le fonctionnement des institutions.

Les pouvoirs publics ont aussi un rôle à jouer pour aider les acteurs économiques à innover et à améliorer leurs activités : en supprimant les incitations négatives, en définissant les externalités et en mettant en valeur les biens publics. Les sous-sections qui suivent analysent les améliorations possibles concernant la manutention et l'utilisation du poisson, la consommation d'énergie, et les approches de gestion fondées sur le jeu du marché[1].

Améliorer la gouvernance

La façon dont les pouvoirs publics s'organisent pour prendre des décisions et gérer les pêches peut avoir une influence notable sur l'utilisation efficiente des ressources, sur la réalisation des objectifs et sur la santé de l'économie maritime. La gouvernance des pêches devient plus complexe à mesure de l'évolution de l'économie maritime et en raison du nombre croissant d'utilisateurs et de parties concernées. La Stratégie de l'OCDE pour une croissance verte souligne combien les institutions doivent coordonner leurs actions pour veiller à ce que les avancées dans un domaine ne pèsent pas sur un autre secteur. Cette cohérence est impérative si l'on veut espérer exploiter les ressources naturelles au maximum de leur potentiel.

Pour gagner en cohérence, la gestion des pêches étend d'ores et déjà son champ d'action. Certes complexe et difficile, ce processus peut s'avérer très gratifiant. De nombreuses pêches tentent de passer d'une approche monospécifique à une gestion multispécifique – en tenant compte par exemple des relations proies-prédateurs. En plein essor, la gestion centrée sur les écosystèmes cherche à comprendre et à expliquer les répercussions de la pêche sur l'environnement dans son ensemble, et non sur les seules espèces commerciales. Avec le temps, économie maritime et écosystèmes – ou l'économie bleue – feront l'objet d'une approche générale coordonnée.

Par exemple, aux termes de la Déclaration de Reykjavik sur une pêche responsable dans l'écosystème marin, signée en 2001, « renforcer la gestion responsable et durable de la pêche dans l'écosystème marin [nécessite] d'incorporer les considérations relatives à l'écosystème dans cette gestion ». Tout en prenant acte des difficultés inhérentes à cette approche, les signataires de la Déclaration ont reconnu la nécessité d'agir pour renforcer les connaissances scientifiques actuelles et futures et prendre ainsi en compte les aspects écosystémiques (FAO, 2001b). Autre exemple, la stratégie de l'UE pour une croissance bleue constitue un plan à long terme en faveur de la croissance durable des secteurs marin et maritime. La croissance bleue est la contribution de la politique maritime intégrée de l'UE à la réalisation des objectifs de la stratégie Europe 2020 pour une croissance intelligente, durable et inclusive (Commission européenne, 2012).

S'il est reconnu que la cohérence des politiques requiert d'adopter une perspective large et une approche inclusive entre des domaines d'action distincts, il apparaît également qu'une gestion durable nécessite de veiller à la santé des stocks halieutiques et de définir des règles simples pour encadrer les captures. Afin de concilier les deux, l'élaboration d'un cadre institutionnel adapté s'impose. Or, rien ne vaut un cadre institutionnel sur mesure. Les institutions interviennent dans des contextes trop variables, et un même cadre implique bien trop de compromis pour qu'une seule approche soit pertinente. La seule solution consiste à comparer les caractéristiques et les performances de plusieurs approches.

Plusieurs modèles de gouvernance régissent le secteur des pêches : de très centralisés à très décentralisés, ils recourent à différents outils de gestion. Le pouvoir décisionnel peut reposer sur un seul organe (par exemple le corps législatif national), être délégué à des organismes, être confié à l'échelon local, ou relever implicitement de la législation ou de la réglementation. À chaque niveau décisionnel correspondent diverses méthodes d'allocation de la ressource, qui vont de la fixation générale de quotas à une répartition par les organismes compétents, les collectivités ou les marchés. Ensemble, ces méthodes caractérisent le degré de décentralisation de la gestion et des institutions.

Face à la nécessité de consulter les parties prenantes et de coopérer avec tous les acteurs, il est aujourd'hui généralement reconnu que des institutions très centralisées ne fonctionnent pas pour les pêches. D'où la question du juste degré et du type de décentralisation. Chaque niveau et chaque type d'institution, du corps législatif à l'administration en passant par la collectivité locale et le marché, ont leurs qualités et leurs défauts. Par conséquent, décentraliser ne se limite pas à déterminer le niveau à même de s'occuper de tous les rouages de la gestion des pêches.

Graphique 2.6. Exemple de système de gestion déléguée

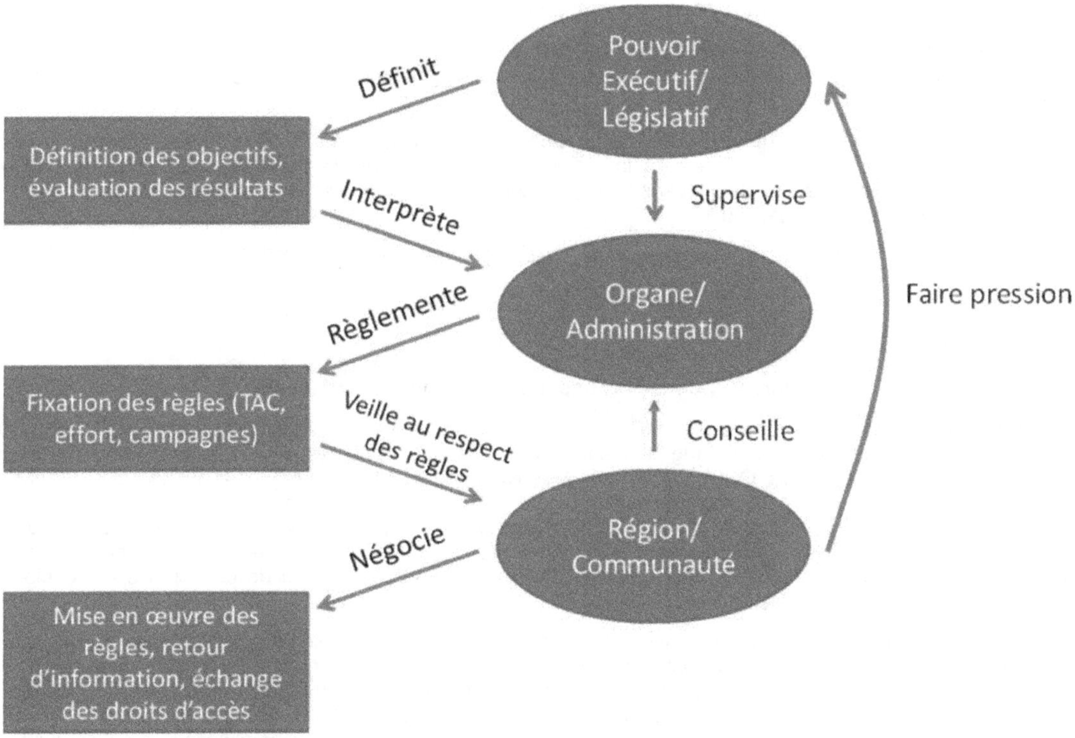

Dans un processus décisionnel efficace, certaines responsabilités restent centralisées tandis que d'autres sont confiées à des organes plus à même de les assumer. Ainsi, les décisions stratégiques relatives aux pêches relèvent souvent de plusieurs niveaux et plusieurs parties prenantes. Si cette organisation est propice à des décisions équilibrées, puisque différentes opinions sont prises en compte, elle prend parfois beaucoup de temps. Cependant, une fois les décisions prises, il est possible d'adopter des mesures comme une règle d'exploitation, suivant laquelle le niveau des prélèvements sur le stock est fixé chaque année conformément à une formule établie, à l'issue d'un processus scientifique et administratif défini. Cela évite les longs débats tout en facilitant la réalisation des objectifs de gestion (graphique 2.6). Un autre exemple concerne les plans pluriannuels de l'UE, qui adoptent pour la gestion des stocks une perspective à long terme et servent de référence pour décider chaque année des opportunités de pêche.

En matière de gestion de stocks halieutiques, les chances de réussite seront plus élevées si la réglementation des captures s'appuie sur les meilleures études scientifiques disponibles. Les gestionnaires à qui l'on demande de gérer les stocks, mais aussi de surveiller la composition et la distribution des flottes, les offres d'emploi rural, l'approvisionnement de l'industrie de transformation et d'autres questions éprouveront des difficultés à mener à bien toutes ces tâches en parallèle. Suivant la règle de Tinbergen, à chaque objectif devrait correspondre une mesure appropriée (Knudson, 2008)[2].

Les questions d'allocation et de distribution concernent essentiellement les parties prenantes, et autoriser les acteurs du secteur à contrôler directement ces décisions peut promouvoir la coopération et faciliter la gestion. Les organes régionaux ou locaux pourraient être les mieux placés pour traiter ces questions ou pour superviser les systèmes d'échange fondés sur le jeu du marché (encadré 2.6). Les organismes régionaux ont gagné en importance ces dernières années et de nouvelles méthodes de gestion collective des pêches apparaissent régulièrement, par exemple les organisations de pêche à la ligne (Sutinen et Johnston, 2003). Dans l'Union européenne, les Conseils consultatifs jouent un rôle grandissant dans la gestion des pêches (encadré 2.7).

Encadré 2.6. Gestion collective des pêches en Corée

La Corée a introduit la gestion collective des pêches en 2001. Les pêcheurs sont ainsi à la fois partenaires et initiateurs des mesures de gestion de leurs pêches, qui complètent le cadre législatif et la réglementation visant la pérennité des activités halieutiques locales.

Suivant cette gestion collective, les groupes de pêcheurs adoptent des mesures sur la base du volontariat et participent activement aux prises de décisions concernant la résolution des différends, les revenus, les zones de pêche, la ressource ou encore le réempoissonnement, dans le respect des lois et règlements. Un nombre croissant de groupes de pêcheurs optent pour ce mode de gestion.

Source : OCDE (2013), *OECD Review of Fisheries: Policies and Summary Statistics 2013*, http://dx.doi.org/10.1787/rev_fish-2013-en.

Encadré 2.7. Conseils consultatifs de l'Union européenne

La réforme de la politique commune de la pêche (PCP) menée en 2002 avait introduit dans le processus décisionnel des Conseils consultatifs régionaux (CCR), qui regroupaient les organisations de parties prenantes (représentant le secteur et des groupes d'intérêt, dont des ONG consacrées à l'environnement ou des organisations de consommateurs) concernées par la PCP, afin de conseiller la Commission sur la gestion des pêches dans certaines zones géographiques ou certains domaines de compétence. On dénombrait ainsi cinq CCR à caractère régional (mer Baltique, mer du Nord, eaux occidentales septentrionales, eaux occidentales australes et mer Méditerranée) et deux CCR à visée plus générale (stocks pélagiques et flotte de pêche en haute mer/pêche lointaine). La contribution de ces CCR s'est révélée très constructive pour réaliser les objectifs de la PCP.

Suite à la dernière réforme de la PCP, ces organisations sont devenues des Conseils consultatifs et ont un rôle renforcé. Ces conseils soumettent des recommandations sur la gestion des pêches, les aspects socio-économiques de l'activité, la conservation de la ressource et l'aquaculture, à la Commission et aux États membres concernés. Ils informent la Commission et les États membres des problèmes liés à ces questions, proposent des solutions et participent, en étroite coopération avec les scientifiques, à la collecte, à la fourniture et à l'analyse des données nécessaires à l'élaboration de mesures de conservation. En outre, dans le cadre de la nouvelle PCP – régionalisée –, les États membres doivent consulter les Conseils consultatifs afin de formuler des recommandations communes pour atteindre les objectifs de conservation de l'Union. Outre les sept Conseils consultatifs mentionnés précédemment, la nouvelle PCP prévoit la création de quatre autres, pour la Mer noire, l'aquaculture, les marchés et les régions ultrapériphériques.

Source : Nicholas Dross (Commission européenne), communication personnelle.

Il est difficile de préserver l'indépendance des différentes institutions de façon à éviter toute pression inutile, tout en facilitant coopération et retour d'expérience pour veiller à ce que les différents échelons travaillent ensemble efficacement. L'effondrement des stocks de cabillaud au Canada, en 1992, a prouvé l'importance d'une telle communication entre parties prenantes. En effet, les évaluations scientifiques avaient été menées par des chercheurs rattachés à des institutions publiques, qui n'impliquaient ou n'informaient pas les pêcheurs. En conséquence, ces estimations suscitaient la méfiance des professionnels, les incitant à renforcer leur pression sur les pouvoirs publics pour maintenir ou augmenter les quotas (Shelton, 2007). Dès que les scientifiques ont invité les pêcheurs à participer aux enquêtes de suivi et aux processus de collecte de données, la confiance quant aux estimations (et à leur précision) s'est accrue.

Une institution de bonne qualité présente en général trois caractéristiques : elle permet d'**accéder facilement aux informations** relatives aux actions entreprises ou supervisées, **son processus décisionnel est transparent**, et elle assume la **responsabilité de ses décisions** et de ses mesures de police. Il est très important de retrouver ces caractéristiques au sein des institutions de gestion des pêches, puisqu'elles servent d'intermédiaire entre décideurs et acteurs économiques. La réussite des réformes institutionnelles en dépend également puisqu'en répondant à ces critères, les institutions dissipent tout soupçon, se montrent dignes de confiance et incitent les parties prenantes à coopérer.

Obtenir la coopération des parties prenantes nécessite d'investir pour susciter la confiance, l'intérêt et les comportements susceptibles de soutenir et de légitimer de nouvelles règles et de nouvelles institutions. À défaut, les décisions tendent à être critiquées, non respectées, ouvertement transgressées ou contrecarrées par d'autres mesures[3]. Les pêcheurs doivent comprendre que le comportement qu'exige d'eux le système de gestion est juste. La consultation des parties et leur implication dans le processus sont à cet égard essentielles, mais il faut parfois du temps avant que les avantages des nouveaux systèmes (et les groupes de bénéficiaires) apparaissent clairement et fassent évoluer les normes comportementales.

La gestion des pêches est confrontée à deux grandes difficultés concrètes : mesurer la taille des stocks et prévoir leur évolution au regard de l'effort de pêche. Quand données et connaissances scientifiques sont incertaines, les décideurs peuvent leur préférer la négociation avec les parties prenantes. Pour être efficaces, les institutions doivent savoir intégrer les informations de sources diverses, en évaluer la qualité relative, définir des objectifs fondés sur des observations factuelles, et s'adapter lorsque la situation évolue.

La transparence concerne les processus de décision et d'application des règles définies soit à l'échelle de l'institution, soit à l'échelle des programmes. Il est difficile de trouver le point d'équilibre entre des procédures détaillées strictes, faciles à présenter et à superviser mais susceptibles d'accroître les coûts (sous l'effet de longs retards, de négociations interminables et de votes répétés), et des règles facilitant l'adaptation, mais susceptibles de rendre le processus décisionnel arbitraire. L'accès public aux procédures, y compris pour les parties non concernées directement, est une solution possible pour assouplir les systèmes rigides et réduire l'aspect arbitraire des systèmes plus flexibles. Il n'est en outre pas souhaitable que des décisions soient prises à l'issue de négociations menées jusque tard dans la nuit ou sous la pression de groupes d'intérêts.

La légitimité des institutions passe également par la justification des décisions et des mesures de police. On distingue des éléments *ex-ante* et *ex-post*. Toute décision prise doit être justifiée, de façon à ce que les responsabilités y afférentes soient clairement identifiées. Les contributions de chaque partie doivent être identifiables, par exemple les rapports d'expert sur lesquels s'appuient les décisions, ou encore les critères utilisés pour évaluer différentes solutions.

La transparence *ex-post* exige d'évaluer les résultats. C'est là un élément que recommande la Stratégie de l'OCDE pour une croissance verte, dans le cadre du processus d'examen et d'amélioration continus de l'action publique. Cette Stratégie souligne l'intérêt d'utiliser des indicateurs et des éléments probants afin de garantir la conception et la réforme concluantes des mesures institutionnelles. Définir la réussite de mesures au regard d'indicateurs revient à évaluer non plus le processus, mais les résultats des actions de gestion. Dès lors que la pêche va mal, on ne doit jamais considérer que tous les éléments d'un système de gestion donnent les résultats attendus. Sauf quand, en de rares circonstances, les causes sont extérieures, il doit être possible de conclure à la réussite ou à l'échec des mesures au niveau institutionnel et, en cas d'échec, d'identifier des solutions pour y remédier.

Les parties prenantes en désaccord avec une décision doivent pouvoir faire appel suivant des mécanismes qui remplissent deux conditions. Premièrement, il convient de circonscrire l'ensemble des décisions desquelles il est possible de faire appel et de préciser les circonstances de cet appel afin d'éviter les interjections répétées de petites minorités ou d'acteurs extérieurs, susceptibles de paralyser le processus. Deuxièmement, l'entité chargée d'étudier les appels doit être indépendante de la micro-institution décisionnaire ou responsable de l'application des décisions. Les mécanismes d'appel généralement utilisés sont au nombre de trois : la médiation, à savoir la volonté mutuelle de rechercher un accord acceptable (par exemple, par le truchement d'une commission de conciliation) ; l'arbitrage, qui transfert les décisions à des parties indépendantes ; et le tribunal. Saisir les tribunaux est en général plus onéreux que de recourir à l'arbitrage, et l'arbitrage est plus onéreux que la médiation.

En résumé, les institutions devraient être conçues pour utiliser et partager les meilleures informations possibles, être transparentes et rendre des comptes. Parmi les caractéristiques généralement souhaitables pour une institution figurent aussi la capacité à coordonner et à déléguer, la répartition claire des droits et des responsabilités, l'implication des parties prenantes, les méthodes d'appel et la capacité à promouvoir des normes comportementales appropriées (tableau 2.2).

Tableau 2.2. Éléments d'une bonne gouvernance

Caractéristiques essentielles
Accessibilité des informations
Transparence du processus décisionnel
Responsabilité vis-à-vis des décisions
Caractéristiques souhaitables
Capacité à coordonner les institutions et à déléguer
Répartition claire des droits et des responsabilités
Implication des parties prenantes
Méthodes d'appel
Capacité à promouvoir des normes comportementales appropriées

Source : Menard, C. (2014), « Institutional Aspects of Governance in Fisheries Management », document interne de l'OCDE.

Exemple : le rôle des institutions aux États-Unis

Aux États-Unis, la loi Magnuson-Stevens illustre bien la décentralisation recourant à un organisme public. La loi s'inscrit dans la législation fédérale qui énonce les objectifs des politiques des pêches. Elle voit dans la reconstitution et la gestion des stocks des actions prioritaires pour atteindre un rendement maximal durable et en délègue la responsabilité à la National Oceanographic and Atmospheric Administration (NOAA) au travers de son National Marine Fisheries Service (NMFS). Des compétences fondamentales sont déléguées aux Conseils régionaux de gestion des pêches (RFMC) qui élaborent des plans de restauration et de gestion des stocks. Le NMFS évalue, approuve et met en œuvre ces plans.

Un volet important de la loi Magnuson-Stevens porte sur le rôle explicite des données dans la prise de décision. Aux termes de cette loi, les évaluations des stocks déclenchent le processus de réglementation (encadré 2.8). La loi exige également que la reconstitution de stocks intervienne, sauf exceptions, dans les dix ans suivant l'évaluation. Si cet aspect est critiqué pour son manque de souplesse, une telle échéance présente des avantages majeurs. Elle permet notamment d'évaluer clairement si les exigences fixées par la loi sont respectées, elle fait de la reconstitution un objectif réel et passible d'une action en cas de manquement, et elle diminue les coûts de transaction politiques que suppose la mise en balance de la reconstitution des stocks, d'une part, et des pertes économiques à court terme, d'autre part.

Encadré 2.8. La reconstitution des stocks dans le cadre de la loi Magnuson-Stevens

Un stock de poissons est considéré comme surexploité lorsque sa biomasse ou sa population tombe à un niveau qui compromet sa capacité à assurer un rendement maximal durable (RMD) en continu. En pratique, parmi les critères de détermination de l'état d'un stock, le National Marine Fisheries Service et les Conseils régionaux de gestion des pêches fixent en général un seuil. Lorsque l'abondance d'un stock passe en dessous de ce seuil, les pouvoirs publics le classent parmi les stocks surexploités et demandent au conseil régional compétent d'élaborer et de mettre en œuvre un plan de reconstitution dans le cadre d'un plan de gestion des pêches ou d'une modification de ce plan. Le plan de reconstitution définit une période de reconstitution qui respecte les exigences formulées dans la loi : aussi courte que possible, cette période ne doit pas dépasser dix ans, sauf quand la biologie du stock, des conditions environnementales particulières ou des mesures de gestion relevant d'un accord international dont les États-Unis sont signataires dictent une autre approche. Le plan doit également inclure des mesures de gestion limitant la mortalité par pêche de façon à permettre au stock de se reconstituer durant cette période. Lorsqu'une population se développe au-delà du seuil de surpêche, mais reste en deçà de l'objectif de reconstitution, on considère que le stock n'est pas surexploité, mais se reconstitue. Selon la loi, le NMFS doit évaluer les progrès de la reconstitution tous les deux ans au plus ; s'il établit que les avancées réalisées restent insuffisantes, il en informe le conseil compétent, qui prend alors des mesures de gestion plus adaptées.

Source : NRDC (2013), *Bringing Back the Fish, An Evaluation of U.S. Fisheries Rebuilding Under the Magnuson-Stevens Fishery Conservation and Management Act*, rapport # R-13-01-A, février 2013.

Améliorer le rendement énergétique du secteur halieutique

Améliorer l'efficacité énergétique des pêches sert deux grands objectifs propices à une croissance plus verte du secteur. Premièrement, cette démarche réduit les émissions de CO_2 et avec elles l'empreinte carbone de la pêche. Cela contribue à réaliser les engagements et les objectifs nationaux au regard du changement climatique. Deuxièmement, il en résulte une utilisation plus efficiente de la ressource, ce qui peut accroître les bénéfices des pêcheurs pour une production donnée.

Les pouvoirs publics disposent de plusieurs moyens pour encourager le secteur halieutique à gagner en efficacité énergétique. L'OCDE a consacré au sujet différentes études, dont *Fuel Tax Concessions in the Fisheries Sector* (Martini, 2012), *Green Growth and Energy Use in Fisheries and Aquaculture* (à paraître) et *Energy Use in Fisheries: Policy Responses* (à paraître). Ce dernier document analyse les actions des pouvoirs publics en faveur de l'efficacité énergétique ; cette section s'en inspire.

Les rapports de l'OCDE sur la consommation énergétique dans les pêches rappellent constamment qu'il convient de la considérer comme un élément d'une stratégie sectorielle plus vaste. Autrement dit, les mesures cherchant à améliorer le rendement énergétique doivent rester cohérentes et compatibles avec les autres objectifs du secteur. De plus, une meilleure gestion des stocks, qui accroît les captures par unité d'effort (CPUE), tend à renforcer considérablement l'efficacité énergétique, entre autres bienfaits. Dans la mesure où la gestion des stocks s'inscrit dans une stratégie plus vaste pour la croissance verte des pêches, cette section n'étudie pas plus en détail les actions encourageant l'efficacité énergétique.

De nombreux pays ayant lancé des initiatives nationales pour renforcer l'efficacité énergétique, il conviendrait en premier lieu de s'assurer que les pêches y sont pleinement prises en compte. Les programmes nationaux varient, mais préconisent en général notamment des normes ou des orientations sur l'achat de systèmes peu énergivores, encouragent la recherche et la promotion de bonnes pratiques et soutiennent les technologies augmentant l'efficience. Les objectifs d'amélioration du rendement énergétique du secteur halieutique devraient s'inscrire dans le cadre d'objectifs nationaux plus étendus.

Les programmes nationaux d'efficacité énergétique recourent fréquemment aux subventions et aux mesures d'incitation. Si ces moyens d'action peuvent trouver leur place dans les pêches, ils doivent néanmoins être envisagés avec une extrême prudence. En effet, toute action peut potentiellement aggraver des problèmes de capacité et limiter l'aptitude du système de gestion des pêches à maîtriser efficacement l'effort et la production. Une meilleure approche consisterait à veiller à ce que les pêcheurs soient informés de l'existence de mesures d'efficacité énergétique (soutien à la R-D, crédits d'équipement, incitations fiscales) et à ce qu'ils y aient accès. Les autorités pourraient aussi assortir les mesures de soutien de conditions obligeant les pêcheurs à atteindre un niveau élevé d'efficacité énergétique ou à suivre des formations ou divers programmes leur expliquant comment améliorer l'efficience de leurs activités.

Très tôt dans le processus, il faudrait aider les pêcheurs à comprendre et à améliorer leur consommation d'énergie, au moyen de la formation, d'audits et d'autres services à caractère informatif. Les pouvoirs publics peuvent négocier avec les représentants du secteur des normes et des directives non contraignantes. Des normes de rendement énergétique peuvent viser différents types d'équipement et les technologies les plus performantes peuvent être mises en avant. Il convient par exemple d'encourager l'utilisation de jauges de carburant et d'autres technologies qui informent les pêcheurs sur la performance énergétique de leurs activités et dont les résultats sont convaincants.

Nombre des actions qui améliorent l'efficacité énergétique améliorent aussi les bénéfices des pêcheurs. Des avancées importantes sont donc possibles sans coûts nets supplémentaires. Mais les approches nouvelles ne sont pas toujours adoptées facilement. Les pêcheurs peuvent redouter de modifier leurs activités s'ils ne sont pas sûrs des résultats potentiels ou si ces évolutions sortent de leur champ de compétence traditionnel. Lorsque les campagnes de pêche sont courtes ou lorsque le nombre de jours en mer est limité, les pêcheurs peuvent être incités à intensifier leur consommation d'énergie en pêchant plus vite ou plus loin du port. En conséquence, il s'avère parfois indispensable de réformer le cadre de gestion avant d'espérer améliorer sensiblement l'efficience.

Favoriser la croissance verte des pêches nécessite de créer des incitations adéquates et, dans cette perspective, le prix de l'énergie représente un enjeu important. Une activité halieutique ne peut pas être durable si les pêcheurs peuvent acheter le carburant à un prix inférieur au coût économique ou social de sa consommation. Aussi est-il important de s'assurer que le prix du carburant est égal à son coût et à sa valeur réels pour la société. Les pouvoirs publics devraient s'attacher à garantir que le prix du carburant reflète pleinement ses coûts externes en appliquant le principe de la taxe pigouvienne : fixer une taxe sur l'énergie égale aux coûts externes de sa consommation. C'est là une application du principe pollueur-payeur. Cette approche respecte aussi l'engagement des ministres du G20 de supprimer les subventions aux combustibles fossiles, comme énoncé dans les déclarations de Pittsburgh (2009) et de Séoul (2010).

Sur un plan pratique toutefois, les taxes pigouviennes ne sont pas toujours applicables. Il peut être difficile et délicat d'établir le taux approprié d'une telle taxe ; et si la demande est très inélastique, la taxe requise peut être très élevée. De nombreux pays préfèrent recourir à plusieurs instruments conjugués. Ainsi, associer des normes d'efficience, des obligations d'amélioration et une taxe raisonnable sur le carburant peut être plus pragmatique et performant pour améliorer l'efficacité énergétique.

Les avantages fiscaux accordés aux pêcheurs (et à d'autres activités) sur la consommation de carburant réduisent le coût du carburant par rapport à d'autres secteurs. Ces avantages visent à permettre à certains segments énergivores de l'activité halieutique de fonctionner, à limiter les répercussions sur la production halieutique des hausses des prix du carburant, ou à refléter le fait que les taxes sur le carburant constituent une redevance versée par les usagers de la route et d'autres infrastructures. Les études de l'OCDE consacrées à la croissance verte soulignent la nécessité de supprimer les subventions nuisibles à l'environnement, mais constatent aussi la difficulté d'y parvenir. C'est pourquoi il est recommandé d'adopter une approche progressive et de prendre d'autres mesures pour *« résoudre les problèmes d'acceptabilité liés aux incidences sur la redistribution ou la concurrence. Cette option exige des moyens d'action complémentaires judicieux pour lever les résistances dues à la perception d'un alourdissement de la charge fiscale et, bien sûr, pour faire face aux oppositions des groupes d'intérêts économiques qui, sans cette taxe, tireraient parti de l'exploitation des ressources naturelles. Sans mesures d'accompagnement, un prix sur les émissions de carbone crée des perdants, dont les résistances risquent de bloquer le processus de mise en œuvre ou de donner lieu à des exonérations qui compromettraient notablement l'efficience générale de la mesure »* (OCDE, 2013c).

Des réformes bien pensées peuvent avoir des bénéfices nets pour les pêches en remplaçant les mesures en place par des approches plus efficaces au regard de leur coût, sans produire de retombées négatives. L'évaluation des bénéfices et des coûts des avantages fiscaux sur la consommation de carburant et d'autres mesures peut aider à montrer qu'une réforme est nécessaire. De même, une politique nationale de l'énergie peut s'avérer plus facile à réaliser que des réformes sectorielles. Les politiques fiscales et énergétiques dépassent en effet le seul cadre des pêches ; une approche cohérente intersectorielle est donc susceptible d'être plus efficace, alors que cibler un seul secteur apparaîtra moins équitable si la politique énergétique nationale n'est pas elle-même bien conçue.

Réduire les déchets du secteur halieutique

Les États membres de l'OCDE ont mis en œuvre une grande diversité de mesures et de programmes ciblant les prises accessoires et les rejets. L'Australie, par exemple, mène des actions sur les prises accessoires dans l'ensemble de ses pêches au niveau fédéral, et tous les pays de l'OCDE conjuguent mesures techniques, réglementation des engins, fermetures saisonnières et fermetures par zone. En Nouvelle-Zélande, des sanctions pécuniaires font office d'incitations économiques. La Norvège pratique une politique « zéro rejets » et l'Union européenne met progressivement en place une approche similaire. En Alaska, les pêcheurs s'entraident pour identifier les zones sujettes à des prises accessoires importantes et éviter ainsi la fermeture anticipée des pêches parce que le quota de rejets a été atteint.

Nombre de mesures doivent leur réussite à des informations solides et représentatives sur les rejets ou les zones où les prises accessoires non désirables sont très élevées. L'Alaska surveille, pour certaines pêches, 100 % des navires ; la Norvège procède à d'importants échantillonnages avant d'ouvrir et de fermer les zones de pêche. Des informations solides sur la mortalité des rejets permettent aux scientifiques d'émettre des avis plus précis. Placer des observateurs sur les petits bateaux étant irréaliste, le Danemark encourage la surveillance vidéo des prises et exige un relevé des rejets, qui font partie intégrante des quotas individuels de pêche ; ainsi, plutôt qu'un « quota de débarquement », le quota devient un « quota de mortalité » (Dalskov, 2010). L'approche modifie la nature des incitations en mettant l'accent sur les rejets, et de nombreux problèmes techniques ont été résolus, y compris la reconnaissance vidéo automatique et le comptage des espèces rejetées.

Dans l'Union européenne, les pêches ont toujours beaucoup recouru aux mesures techniques, souvent avec une connaissance inadéquate des rejets et un faible nombre d'observateurs. La nouvelle PCP supprime la pratique des rejets en mer, source de gaspillage, en introduisant une obligation de débarquement. Cette approche incite les pêcheurs à renforcer la sélectivité des engins et accroît la fiabilité des données sur les captures. Pour aider les professionnels à s'adapter, l'obligation de débarquement s'appliquera progressivement entre 2015 et 2019 à toutes les pêches commerciales pratiquées dans les eaux européennes.

La FAO recense plusieurs mesures obligatoires et facultatives visant à remédier à la perte d'engins (Macfayden et al., 2009). Des mesures économiques sont également envisageables, notamment pour étendre la responsabilité des producteurs (Ten Brink et al., 2009 ; OCDE, 2001). Cette approche consiste à intégrer les coûts environnementaux des biens, tout au long de leur cycle de vie, dans le prix du marché des produits. Fréquemment appliquée au recyclage des batteries, des pneus de véhicules et des biens électroniques, elle peut être obligatoire, négociable ou facultative. Son application aux filets de pêche pourrait financer l'enlèvement des engins perdus, et inciter les pêcheurs à réduire les pertes et à utiliser des engins plus biodégradables. Il serait également intéressant d'envisager de l'appliquer aux filets écolabellisés, fabriqués à partir de matériaux recyclés.

Réduire les déchets tout au long de la chaîne de valeur

En général, les estimations des déchets accumulés sur toute la chaîne alimentaire datent et manquent de fiabilité (à l'exception de celles du WRAP au Royaume-Uni). Il s'agit donc dans un premier temps de quantifier le problème en accord avec les Recommandations du Conseil de l'OCDE (OCDE, 2008). Les connaissances limitées quant aux utilisations des ressources et aux quantités de déchets imposent un comptage des volumes. Les comptabilisations monétaires habituelles et les statistiques relatives à l'environnement ne suffisent pas : elles ne retracent pas tous les flux de la ressource et des déchets et suivent souvent uniquement ceux soumis à une réglementation ou classés parmi les déchets nécessitant un traitement (souvent des agrégats de déchets produits sans distinction de leur origine). Des flux majeurs de matières n'intégrant pas du tout l'économie, par exemple les rejets, se trouvent alors complètement ignorés. Idéalement, les comptages volumétriques, monétaires et environnementaux doivent être associés à des chaînes de valeur représentatives – et établis en fonction de ces chaînes – afin d'aider à comprendre les causes des déchets et l'action publique à mener pour y remédier. Les pays auraient avantage à partage leur expérience dans les domaines suivants : évaluation des déchets des pêches, analyse des facteurs déterminants et des répercussions de l'action publique, et utilisation d'indicateurs pour suivre les tendances concernant les déchets.

La directive de l'UE relative aux déchets énonce les principes généraux communs à de nombreux cadres de réduction des déchets et d'approches propices à la croissance verte en hiérarchisant les solutions possibles : (i) prévention des déchets ; (ii) réutilisation ; (iii) recyclage ; (iv) autre valorisation (par ex. valorisation énergétique) ; et (iv) élimination (par ex. mise en décharge). On retrouve des principes similaires dans le Code de conduite de la FAO pour une pêche responsable – en différents points de la chaîne de valeur –, dans les interventions de l'Assemblée générale des Nations Unies sur les océans, dans les rapports du PNUE et dans nombre de mesures et stratégies nationales en faveur de l'environnement.

Tous les États membres de l'OCDE ont défini une politique ou une stratégie concernant les déchets, et nombre d'entre eux mènent des initiatives spécifiques de réduction des déchets alimentaires. Toutefois, peu ont pris des mesures étendues axées sur les déchets des pêches, couvrant l'ensemble du secteur et de la chaîne de valeur. La plupart des pays de l'OCDE abordent néanmoins les flux prioritaires de déchets des pêches à part (rejets, pertes d'engins, traitement des déchets). S'il peut se justifier de rassembler ces initiatives ponctuelles sous un seul et même concept général de gestion des déchets, la diversité des acteurs, des mesures de réglementation et des solutions techniques risque d'exiger la mise en œuvre distincte de ces initiatives, incitant les autorités responsables des pêches à établir des principes directeurs ciblés selon les différents problèmes liés aux déchets. Exemples : au Royaume-Uni, SeaFish formule de nombreuses lignes directrices ; l'Agence pour la protection de l'environnement (EPA), aux États-Unis, donne même des orientations concernant la pêche de loisir, et les autorités danoises sur le traitement des eaux usées (Skall et Olesen, 2011).

Toute initiative nationale relative aux déchets des pêches devrait s'appuyer sur les actions en cours (programmes de réduction des rejets, écolabels) et comprendre idéalement plusieurs des éléments suivants :

- Classement des problèmes ou flux de déchets par ordre de priorité ; de même avec les moyens pour y remédier, en précisant les évaluations d'échelle et de coûts en question.
- Définition d'objectifs de prévention ou de réduction des déchets.
- Identification des défaillances du marché et de solutions possibles.
- Partenariats au sein de la filière (producteurs, transformateurs et distributeurs) pour promouvoir une production et une consommation durables, y compris l'amélioration des infrastructures et des technologies et l'élaboration de modèles économiques pour réduire les déchets.
- Recherches sur les déchets et suivi donnant lieu à des services consultatifs sur la réduction, l'utilisation et le recyclage des déchets.
- Développement des capacités de sensibilisation et d'information, y compris des campagnes de sensibilisation à destination des consommateurs sur la réduction des déchets alimentaires.
- Soutien aux technologies innovantes et aux instruments financiers novateurs y afférents.

Les initiatives des pays de l'OCDE incluent l'institution de définitions, de normes et d'objectifs solides et fonctionnels sur les déchets, facilement applicables dans les segments ou processus du secteur et à la collecte et au regroupement de données ; des moyens de caractériser plus précisément l'incidence des déchets sur l'émission de gaz à effet de serre dans l'activité halieutique, et des moyens de réduire l'empreinte environnementale ; des mesures encourageant le transfert de certains déchets à des associations d'aide alimentaire (encadré 2.9). D'autres programmes informent sur les études consacrées aux solutions de réduction des déchets les plus profitables ; évaluent les coûts et les avantages d'une taxation de la production de déchets visant à compenser les dépenses des autorités locales tout en intégrant les aspects commerciaux ; et développent, en cas de lacune technologique, des marchés de l'innovation qui favorisent l'émergence de solutions (voir, par exemple, http://wbi.worldbank.org/developmentmarketplace/).

Encadré 2.9. États-Unis : la réglementation pour réduire les déchets alimentaires et lutter contre la faim

Avec l'initiative SeaShare (www.seashare.org), l'industrie des aliments d'origine marine a fait don, depuis 1994, de 150 millions de repas aux pauvres et aux personnes souffrant de la faim. Menées par l'association des transformateurs en mer (At-sea Processors Association), plus de 120 entreprises spécialisées dans les aliments d'origine marine et leurs associés ont envoyé leurs dons à 80 grandes banques alimentaires dans 38 États, ce qui fait de ces entreprises l'une des principales sources de protéines pour lutter contre la faim aux États-Unis.

Parmi les partenaires stratégiques de cette initiative figurent la National Oceanographic and Atmospheric Administration (NOAA), des banques alimentaires régionales et nationales, des soutiens financiers, des prestataires tels que les entreprises de stockage frigorifique, de transport, de déchargement et de fret. Les entreprises se coordonnent sur le plan logistique à travers SeaShare pour collecter, transporter et livrer l'excédent alimentaire.

En 1976, le Congrès a adopté l'article 170 du Code des impôts (Internal Revenue Code) afin d'encourager les dons en accordant aux sociétés commerciales un abattement au titre du don de produits excédentaires, denrées alimentaires comprises. Le Code prévoit que les aliments sains, correctement conservés, donnés à un organisme agréé puis correctement réceptionnés peuvent donner droit à un abattement. Cet abattement est égal à la moitié de la « juste valeur » de l'aliment donné, mais son total ne peut excéder le double du « coût de base » de l'aliment donné. Il est calculé à partir de la « juste valeur de marché » de l'aliment donné, et du « coût de base » de l'aliment et de la main-d'œuvre. Les autorités peuvent contester la valeur de l'aliment donné.

Source : www.seashare.org.

Réglementées et soumises à des impératifs de traçabilité, les chaînes de transformation et de distribution dans les pays membres de l'OCDE sont en général relativement très efficientes et produisent peu de déchets. La nature périssable des produits halieutiques, qui complique la commercialisation et la logistique, constitue un aspect essentiel à traiter pour éviter déchets et pertes, auquel s'ajoutent l'irrégularité des volumes prélevés et l'absence de chaîne du froid où cela serait requis. En conséquence, renforcer l'efficience des marchés et aider à adapter l'offre à la demande peuvent aussi réduire les déchets.

Souvent, l'aide publique a porté sur l'installation de machines à glaçons dans les ports de débarquement, la fourniture de caisses, la mise en place de marchés de gros et de détail ou de criées, l'établissement de normes de produits, la diffusion d'informations sur les prix et les systèmes associés. Désormais, elle vise aussi le partage d'informations, la stabilisation des marchés et la réduction des coûts de transaction par le biais de coopératives et d'organisations de producteurs, des contrats de transformation et des formules de fixation des prix. Ainsi, en Norvège, les organismes de vente sont publics, mais leur financement est assuré par les pêcheurs eux-mêmes, qui s'acquittent d'une redevance sur la première vente.

Les criées électroniques modernes se révèlent très efficaces pour remédier tout à la fois aux problèmes d'efficience des marchés, de paiement et de logistique, et les enseignements retirés de ces avancées peuvent aider à améliorer les marchés de produits de déchets en vue d'une transformation, conversion ou élimination secondaires. Faciliter les audits sur les déchets permettrait d'évaluer et de déterminer le niveau de déchets évitables produits lors des opérations de transformation, comme le filetage, le décoquillage ou le tri, afin d'aider les transformateurs à exploiter tout le potentiel des marchés de déchets et, ainsi, faire remonter certaines matières dans la hiérarchie des déchets. Il est possible de rédiger des protocoles et des normes relatifs aux déchets commercialisables et de synthétiser les informations sur les volumes de déchets afin de structurer les concessions régionales de collecte de déchets accordées aux transformateurs dans les zones isolées.

Améliorer l'allocation pour optimiser la valeur

La gestion des pêches porte tout autant sur l'allocation des droits et l'accès à la ressource que sur la gestion générale des stocks. Le problème de l'allocation est complexe, d'autant qu'il repose sur une utilisation de la ressource qui relève d'une longue tradition et qui, à ce titre, peut être difficile à modifier. La section suivante, consacrée à la dimension humaine de la réforme, analysera cet aspect. Cela dit, l'attribution des ressources devrait s'inscrire dans une stratégie pour la croissance verte des pêches, puisqu'il est fondamental de déterminer l'utilisation la plus prisée de la ressource pour en dégager plus de valeur.

Droits et responsabilités devraient être assignés avec le moins d'ambiguïté possible. L'ambigüité est propice aux différends, aux marchandages et à la politisation. On distingue les droits de propriété (Coase, Alchian) et les droits de décision (Ostrom). Les droits de propriété privés prennent de nombreuses formes, des plus classiques (comme les quotas individuels transférables) aux droits collectifs. Ils comprennent également les droits attribués à une collectivité sur certains territoires (droits d'usage territoriaux) et, dans le cadre de traités internationaux (ORGP), les droits de propriété attribués aux autorités nationales. Contrairement aux droits de propriété, qui concernent le droit d'utiliser et de tirer profit d'une ressource, les droits de décision concernent la façon d'agir des acteurs (individus ou collectivités) vis-à-vis des droits de propriété. Malheureusement, il n'est pas possible de procéder à une allocation exhaustive de tous les droits, et il y a toujours une marge d'interprétation pour mettre à l'épreuve la solidité des institutions.

L'allocation s'inscrit dans des contextes divers – entre les pêcheurs professionnels, d'une part, et entre les pêcheurs professionnels et les autres utilisateurs, d'autre part. Au-delà de l'accès partagé à la ressource halieutique, elle peut aussi porter sur l'accès au domaine maritime, en particulier aux bandes côtières faisant l'objet de nombreuses utilisations – de l'aquaculture à la production d'énergie en passant par le transport et les activités de loisir. Il est possible d'améliorer l'allocation des droits en planifiant mieux et en anticipant davantage. Dans l'Union européenne, une nouvelle législation créera un cadre commun pour la planification de l'utilisation du domaine maritime et la gestion intégrée du littoral. Chaque État membre de l'UE sera libre de planifier ses propres activités maritimes, mais un ensemble d'exigences communes minimales renforcera la cohérence de l'aménagement des aires partagées aux échelons local, régional et national.

Du point de vue économique, la première tentation consiste à partager la ressource en fonction du bénéfice marginal qu'en retire chaque groupe d'utilisateurs. Cette approche « équimarginale » sous-tend la théorie néoclassique de l'allocation des ressources. S'agissant des pêches, pour lesquelles l'allocation au sein des groupes d'utilisateurs n'est pas forcément optimale (en raison de l'absence de transactions commerciales à l'intérieur de ces groupes), cette logique ne fonctionne pas toujours. Abbot (2013) explique ce phénomène en prenant l'exemple de la répartition des droits entre pêche récréative et pêche commerciale (encadré 2.10).

Même si les mesures de gestion de la ressource qui régissent les activités commerciales et récréatives répondent à de nombreux objectifs, il est peu probable qu'elles visent à répartir l'accès à la capture ou à la mortalité des poissons en fonction du consentement à payer. Seuls les marchés concurrentiels, les taxes pigouviennes et certains types de criée peuvent favoriser une répartition intrasectorielle efficiente de cette nature (Abbot, 2013). Holzer et McConnell (2013) constatent que le recours à ces mécanismes pour gérer les stocks et les pêches est relativement rare.

Encadré 2.10. Le principe d'équimarginalité et ses limites

Les réflexions sur l'efficience avec laquelle les ressources halieutiques sont réparties entre segments ou entre pêcheurs d'un même segment s'appuient pour une large part sur le principe d'équimarginalité. Ce principe postule pour commencer deux segments, chacun étant caractérisé par une courbe de « demande dérivée » des facteurs de production, représentés en l'occurrence par la mortalité des poissons/les prélèvements. Ces demandes correspondent à l'addition horizontale des demandes individuelles dans chaque segment et obéissent à la « loi de la demande », de sorte que la valeur marginale du poisson au sein d'un segment diminue au sein du volume de poissons alloué à ce segment ; en conséquence, accroître l'allocation d'un segment entraîne certes une augmentation de la valeur totale, mais à un rythme décroissant (voir le graphique ci-après). Quand une solution « intérieure » est efficiente (à savoir qu'il n'est pas efficient pour certains groupes d'utilisateurs de ne recevoir aucune allocation), le principe d'équimarginalité stipule que l'allocation est efficiente lorsque le bénéfice marginal d'une unité additionnelle d'allocation est égalisé. Cette logique revient souvent dans les études sur la répartition entre pêche récréative et pêche commerciale (Bishop et Samples, 1980 ; Easley et Prochaska, 1987 ; Edwards, 1991 ; Green, 1994 ; Plummer, Morrison et Steiner, 2012). Les décideurs l'appliquent en outre directement pour évaluer les allocations de *statu quo* et les allocations prospectives (Agar et Carter, 2012b ; Agar, Carter et Waters, 2008 ; Gentner et al., 2010 ; Plummer, Morrison et Steiner, 2012). Une fois connues les courbes de la demande dans tous les segments faisant l'objet d'une réallocation, il est aisé de procéder à une allocation efficiente. Le plus souvent, quand on dispose uniquement d'informations « locales » sur la demande de poisson dans un ou plusieurs segments, comparer les valeurs marginales – suivant la répartition en place – de la pêche récréative et de la pêche commerciale donne des indications qualitatives sur l'orientation à donner à un ajustement des allocations, mais ne renseigne guère sur l'ampleur qu'il doit avoir (Agar, Carter et Waters, 2008 ; Gentner et al., 2010).

Ces éléments, s'ils ont *a priori* l'attrait de raisonnements microéconomiques simples en théorie, reposent sur une hypothèse certes inoffensive, mais restrictive – selon laquelle l'accès à la mortalité des poissons au sein des segments en question est alloué de manière efficiente –, en cohérence avec la hiérarchisation du consentement marginal à payer qui sous-tend les demandes dérivées de chaque segment. En d'autres termes, suivant une allocation efficiente présumée (voir le graphique ci-après), le système de droits de propriété au sein de chaque segment doit assurer à chaque utilisateur un accès exclusif à la mortalité des poissons jusqu'au point où sa demande individuelle croise le bénéfice marginal « d'équilibre » (le prix résultant sur un marché intersectoriel) entre les segments. Dans chaque segment, les utilisateurs dont la valeur marginale de la première unité additionnelle de poissons tombe en deçà de ce niveau doivent être complètement exclus.

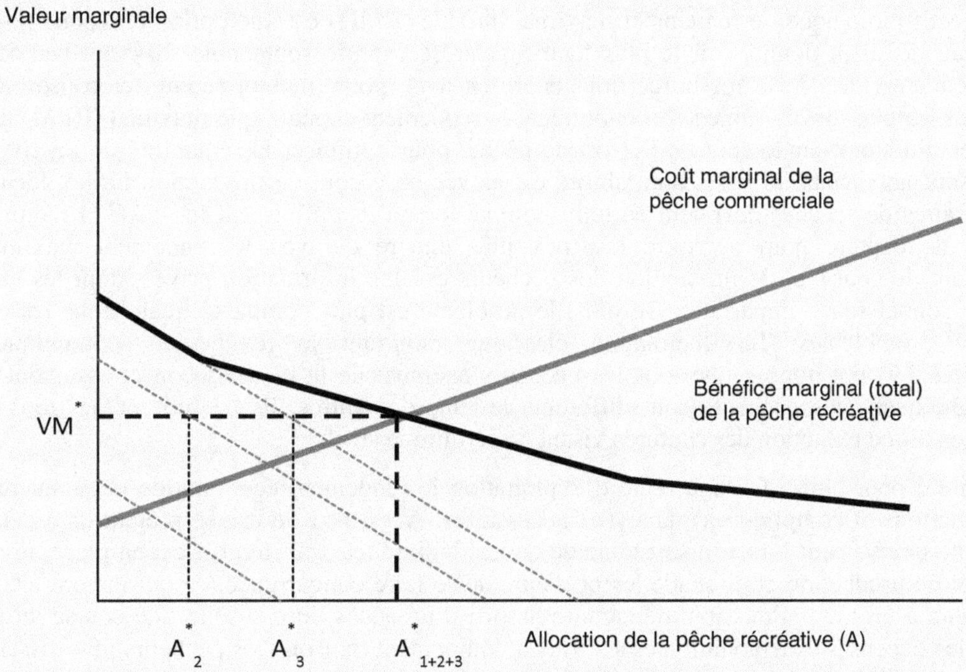

Répartition efficiente du quota entre segments (A^*_{1+2+3}) et répartition efficiente entre trois pêcheurs à la ligne dans le segment de la pêche récréative (A^*_2 and A^*_3). Il convient d'observer que, suivant cette répartition, le pêcheur 1 ne reçoit rien.

Source : Abbot (2013), *Integrating Recreational Fisheries into Fisheries Management: Challenges and Opportunities*, document interne de l'OCDE.

De l'avis de certains, les activités à forte valeur ajoutée devraient bénéficier de droits plus importants. Par exemple, les estimations indiquant l'intérêt accru de la pêche récréative par rapport à la pêche commerciale sont mises en avant pour justifier la nécessité de renforcer l'accès des pêcheurs amateurs à la ressource. Mais ces données confondent valeur totale et valeur marginale : rien ne prouve qu'allouer un volume de capture plus grand à la pêche de loisir génère une valeur sociale supérieure (Edwards, 1991).

Autrement dit, il est difficile pour les gestionnaires des pêches de définir *ex ante* une allocation optimale des ressources halieutiques entre tous les utilisateurs, du moins sur le plan économique. Il reste donc deux options sont envisageables : recourir à d'autres critères (antécédents de pêche, objectifs sociaux, négociation) ou s'appuyer sur les lois du marché (quotas négociables, par exemple). Ces deux approches sont combinables ; il est notamment possible d'attribuer les quotas par groupe en s'appuyant sur les antécédents de pêche ou d'autres éléments définis par les autorités, et d'autoriser les pêcheurs à négocier ces quotas au sein des groupes. De nombreuses pêches pratiquent cette solution pour tirer parti de l'efficience des droits négociables tout en maîtrisant la concentration et la distribution des flottes afin d'atteindre les objectifs sociaux.

Règles d'exploitation, rendement maximal durable et rendement économique maximal

Les gestionnaires des pêches doivent comprendre parfaitement les liens entre l'activité halieutique et le stock cible. Les règles d'exploitation servent à déterminer le niveau de prélèvements qui répond à un objectif défini quelle que soit la taille du stock. D'où la question : quelles règles, quels objectifs, quels calendriers ? Reconstituer un stock exige de ramener les prélèvements en deçà de son taux de croissance à sa taille actuelle. Le faire rapidement exige de réduire drastiquement les prélèvements, ce qui a dans l'immédiat de lourdes conséquences pour les pêcheurs concernés (voir le chapitre suivant).

Objectif biologique, le rendement maximal durable (RMD) est une option classique pour atteindre un niveau de stock donné, soit le plus haut niveau de capture soutenable. Il s'agit par définition du rendement maximal de la ressource qui génère en aval, pour transformateurs et consommateurs, les bénéfices les plus élevés. Objectif économique, le rendement économique maximal (REM) tient compte des effets du stock sur le coût de l'effort de pêche, pour optimiser la rentabilité de l'activité. Plus les stocks sont abondants, plus la capturabilité est élevée et le coût de production limité. Idéalement, les gestionnaires des pêches devraient en tenir compte lorsqu'ils définissent les TAC et réduire le niveau optimal de capture pour accroître le stock plus encore qu'avec le rendement maximal durable. Cependant, le coût réel de production des pêcheurs est une information privée, dont les gestionnaires ont une connaissance imparfaite. De plus, le problème est plus complexe quand tous les pêcheurs ne sont pas semblables. Le diagramme classique montrant le rendement économique maximal (graphique 2.7) présuppose que tous les pêcheurs exercent de la même façon et assument les mêmes coûts. Or, quand les pêcheurs sont différents les uns des autres, ils ne retirent pas tous les mêmes avantages d'une réduction des captures visant à accroître le stock.

Prendre pour objectif d'une règle d'exploitation le rendement économique maximal requiert plus d'informations et complique les analyses nécessaires. Aussi peu de cas se prêtent-ils à cette solution, pertinente uniquement lorsqu'un système de quotas individuels transférable est en place, nivelle le coût marginal de production et dissuade les pêcheurs de se faire concurrence, ce qui majorerait leurs coûts. Le recours à un total admissible de capture assorti d'un accès libre suscite une course au poisson qui accroît les dépenses d'exploitation et les frais d'équipement, puisque les pêcheurs investissent dans leur capacité afin d'intensifier les prélèvements.

Les organismes de protection de l'environnement privilégient souvent le rendement économique maximal, jugé écologique dans la mesure où il exige de diminuer les prises et de renforcer la taille moyenne des stocks plus nettement que le rendement maximal durable. En conséquence, le risque d'une surexploitation du stock ou d'un effondrement dû à la surpêche est moins élevé. De manière générale, gérer les stocks à un pourcentage supérieur de capacité de charge réduit la probabilité d'un effondrement dû aux fluctuations naturelles, aux évaluations erronées des stocks ou à un mauvais contrôle de l'activité halieutique. Toutefois, dès lors que ces sources d'incertitude sont réelles, il convient de les prendre en compte directement dans la règle d'exploitation définie par le gestionnaire des pêches, et non au regard de la valeur approximative que fournit le rendement économique maximal. Si le rendement économique maximal correspond à la règle d'exploitation appropriée en présence d'incertitudes, c'est une coïncidence.

Graphique 2.7. Rendement maximal durable et rendement économique maximal

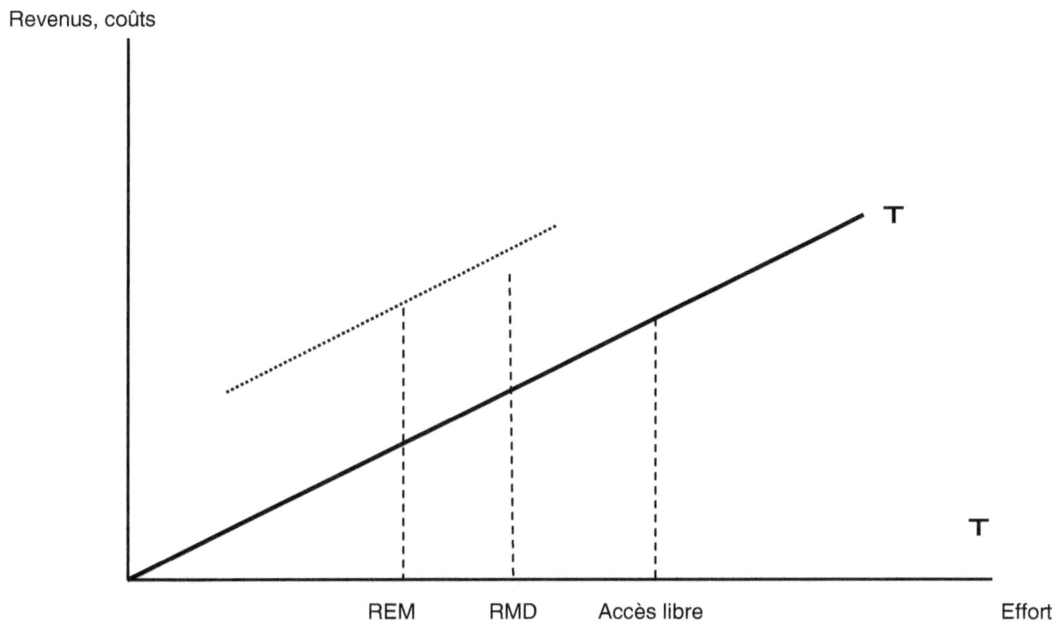

Source : OCDE (2013a), *Manuel de l'OCDE à l'intention des gestionnaires des pêches : Principes et pratiques d'élaboration des actions à mener*, http://dx.doi.org/10.1787/9789264210455-fr.

Permettre le changement

Faire face aux coûts humains

La pêche occupe une place très importante dans les collectivités côtières. Elle fournit des emplois dans des zones rurales aux perspectives souvent limitées. Pour beaucoup, l'activité halieutique est aussi une tradition et un mode de vie qu'il convient de préserver (encadré 2.11). Or, à mesure de sa concentration et de sa modernisation, le secteur ne pourra plus jouer ce rôle partout. Cette modernisation soulève également d'autres questions : sous l'effet des nouvelles technologies notamment, la puissance et la capacité de pêche ont augmenté de façon spectaculaire, ce qui pose des problèmes de surcapacité et compromet la santé biologique et économique du secteur lorsque la gestion est inadéquate.

Toutes les parties prenantes défendent la nécessité d'assurer la pérennité des pêches et de bien gérer les stocks halieutiques afin de générer un bénéfice maximum. Malgré ce consensus, les États éprouvent des difficultés à adopter une approche viable et leur utilisation des stocks reste souvent inefficiente – l'appauvrissement de la ressource, la fragilisation des écosystèmes ainsi que le coût des pêches et de leur gestion déprécient nettement la valeur des stocks.

Beaucoup jugent néanmoins le coût d'une réforme trop élevé. Les changements nécessaires impliquent un trop grand reniement des traditions, mais aussi des pertes pour les opérateurs historiques, des risques incertains et une période de transition perturbée et difficile. Pour réaliser un programme de croissance verte et faciliter le changement, les pouvoirs publics devront trouver des solutions pour en atténuer les coûts et les surmonter. Il peut alors être judicieux de prévoir des aides et un processus d'ajustement (mesures d'accompagnement), et de dédommager les acteurs que la réforme désavantage (OCDE, 2007).

Dans les pays de l'OCDE, les changements opérés pour le secteur des pêches suscitent soutien et résistance. Les programmes de modernisation financent la mise à niveau des navires au regard des nouvelles technologies, alors que les programmes de sortie de flotte cherchent à réduire le nombre de navires actifs. La recherche-développement consacrée aux nouvelles technologies est menée directement par les pouvoirs publics, avec l'aide du secteur privé, alors que la limitation de la taille et de la capacité des navires vise à réduire la puissance de pêche pour prévenir la surexploitation des stocks. Dans certains cas, les quotas négociables ont donné lieu à une concentration spectaculaire ; dans d'autres, opportunités et permis de pêche sont répartis de manière à préserver les métiers et les segments existants.

Chaque fois, ces actions tiennent compte de la dimension humaine du secteur halieutique. Celles favorisant la modernisation et la concentration ciblent la rentabilité de l'activité pour les pêcheurs, tandis que celles encourageant la diversité et la tradition privilégient le rôle des pêches au sein de la collectivité. Toutes relèvent de choix pertinents, mais, pour s'inscrire dans une stratégie de croissance verte, ces mesures doivent renforcer à la fois l'utilisation efficiente de la ressource et la valeur ajoutée du secteur. La réalisation pérenne d'objectifs sociaux exige d'instaurer des bases économiques solides et non de lutter contre les forces économiques.

Encadré 2.11. Préserver les petites collectivités au Royaume-Uni

Les autorités britanniques souhaitent préserver les petits ports de pêche. La plupart des analyses insistent en effet sur la nécessité de garantir leur survie, non seulement dans l'intérêt de ceux qui y vivent, mais aussi en vertu d'objectifs plus larges (par exemple associer pêche et tourisme ou assurer un approvisionnement local en protéines marines). Cela a souvent conduit les autorités britanniques à « sanctuariser » les pêches artisanales en les dotant d'un statut et de règlements dérogatoires du système général de gestion des pêches. Les paragraphes suivants sont extraits des travaux d'une commission parlementaire chargée d'examiner des propositions visant l'instauration d'un système de droits transférables :

« La politique commune de la pêche devrait protéger les ports de pêche aussi bien que la ressource halieutique. Créer des concessions de pêche transférables (CPT) pour réduire la capacité de la flotte attire plus largement l'attention sur les interactions entre la surpêche, la taille de la flotte et l'emploi dans les zones côtières. Nous sommes convaincus que les CPT peuvent réduire la capacité de la flotte et réduire les dommages causés à l'environnement. Nous craignons toutefois qu'ils ne compromettent la viabilité des collectivités côtières. Le ministère de l'Environnement, de l'Alimentation et des Affaires rurales (DEFRA) doit décider quel secteur halieutique il veut pour demain. S'il estime qu'il faut réduire la capacité de la flotte, il doit instaurer des mesures de sauvegarde, afin de protéger les collectivités côtières et de prévenir une concentration excessive en faveur des opérateurs de grande envergure. »

« Pour protéger les collectivités côtières de l'impact potentiellement négatif de la concentration de la flotte, le DEFRA ne devrait pas appliquer les concessions de pêche transférable aux navires d'une longueur inférieure à 10 mètres. D'autres mesures de protection sont envisageables : limiter la proportion de toutes les concessions de pêche pouvant être détenues par un seul navire ; créer un dispositif à sens unique empêchant les transferts des petits opérateurs vers les grands ; ou encore mettre en place un mécanisme pour attribuer des concessions supplémentaires aux navires dont l'activité a une valeur ajoutée sociale ou environnementale. »

« Si un système de concessions de pêche transférables était adopté, le DEFRA devrait instituer un mécanisme visant à décourager la location des quotas et à rediriger les quotas non utilisés vers les opérateurs qui pratiquent une pêche plus durable sur le plan écologique et social. Nous proposons un dispositif en siphon, dans le cadre duquel, si un opérateur choisit de louer ses droits de pêche plutôt que de les utiliser, un pourcentage de ces droits revient à l'enveloppe nationale. Ils peuvent ensuite être réattribués à des pêcheurs actifs dans le but de reconstituer les activités de pêche traditionnelles dans les collectivités côtières et d'assurer le maintien des avantages socio-économiques qui y sont liés. »

Source : Chambre des communes, Comité pour l'environnement, l'alimentation et les affaires rurales de la Chambre des communes (2012), Twelfth Report: EU proposals for reform of the Common Fisheries Policy, HC 1563-I, The Stationery Office Limited, Royaume-Uni.

Capacité et ajustement de la flotte

Les pays de l'OCDE allouent une partie relativement importante du soutien budgétaire à des programmes d'ajustement de flotte, même si elle diminue depuis quelques années. Ces programmes bénéficient également de l'appui financier du secteur ou d'ONG et, souvent, le coût total est partagé par les pouvoirs publics et d'autres acteurs.

Les programmes de sortie de flotte se révèlent très utiles, mais uniquement dans certaines circonstances. Bien conçus, ils peuvent accélérer l'élimination d'une surcapacité, mais sans réformes pour les accompagner, cet effet est parfois temporaire. S'ils s'inscrivent dans un dispositif d'aides à la transition et de modifications de la gestion, ils peuvent créer une conjoncture favorable concourant à faire en sorte que les pêcheurs soient amenés à coopérer, parce que des incitations les y encouragent et parce que la coopération est la forme qui s'impose rationnellement à leurs interactions (OCDE, 2009).

Le fait que les programmes de sortie de flotte tendent à fonctionner uniquement dans le cadre d'une réforme plus vaste prouve l'importance d'une approche cohérente, ainsi que le recommande la Stratégie de l'OCDE pour une croissance verte. Ces programmes constituent en effet des mesures d'ajustement et de compensation, mais ne servent pas à contrôler l'effort et ne peuvent donc pas remplacer un système de gestion efficace (OCDE, 2013). On retrouve ce point de vue dans la Recommandation du Conseil de l'OCDE sur les Principes et directives pour les programmes de sortie de flotte (encadré 2.12), qui souligne le rôle de la gestion des pêches et l'opportunité de limiter dans le temps les programmes de sortie de flotte.

Encadré 2.12. Principes et directives pour les programmes de sortie de flotte

Principes

Les programmes de sortie de flotte sont un bon outil pour réduire la capacité des flottes dans des situations de surcapacité. Ils peuvent être utilisés lorsqu'il devient urgent de prendre des mesures pour aligner la capacité de pêche sur les ressources halieutiques disponibles.

Il est préférable de prendre des mesures préventives pour éviter la surcapacité plutôt que d'avoir recours à des programmes de sortie de flotte pour ajuster cette capacité. Les systèmes de gestion des pêches devraient être conçus de manière à éviter la surcapacité et la surexploitation et à inciter les pêcheurs, par des dispositions appropriées, à automatiquement ajuster leur capacité et effort de pêche.

La recherche d'une mesure ou d'une évaluation parfaite de la capacité ne doit pas retarder l'adoption de dispositions pour lutter contre la surcapacité, bien qu'il soit nécessaire de disposer d'une mesure de la capacité, adoptée d'un commun accord, pour mettre en œuvre et faire respecter un plafonnement ou une réduction de la capacité.

Les programmes de sortie de flotte doivent, par leur conception, garantir le meilleur rapport coût-performance, afin que les fonds publics soient investis rentablement pour réaliser des objectifs choisis de réduction de la capacité. Ils devraient être bien ciblés et limités dans le temps.

Les programmes de sortie de flotte ne peuvent, à eux seuls, régler les problèmes fondamentaux de la surcapacité et de la surexploitation. Ils devraient faire partie d'un train de mesures de restructuration mises en place pour parvenir à une pêche durable et responsable. Les mesures sociales en faveur de la reconversion des pêcheurs et de l'adaptation des collectivités devraient faire partie des dispositifs d'ajustement de la pêche.

Directives

Conception

Les programmes de sortie de flotte devraient avoir des objectifs bien définis, clairement énoncés et mesurables, pour que la réduction voulue soit réalisable et ait des effets positifs sur la durabilité des ressources et la rentabilité économique.

Il est essentiel que les différentes mesures de gestion en place dans le secteur de la pêche, dont les programmes de sortie de flotte, soient cohérentes et se renforcent mutuellement.

Les gouvernements doivent s'assurer que le régime de gestion en place, une fois le programme de sortie de flotte mené à son terme, empêche concrètement la réintroduction de la capacité, dans la pêche visée ou dans d'autres ; faute de quoi, les effets bénéfiques du programme seront annulés à moyen ou long terme.

suite

Encadré 2.12. Principes et directives pour les programmes de sortie de flotte (*suite*)

Les gouvernements doivent veiller à l'adéquation des mesures d'incitation mises en place en faveur des pêcheurs pour faciliter, dans l'avenir, l'auto-ajustement dans la pêche. Pour ce faire, il est possible d'améliorer la spécification et le respect des droits d'accès (fondés sur la production ou les moyens de production), ce qui aidera à corriger les défaillances du marché qui aboutissent à la surcapacité.

Les programmes de sortie de flotte devraient faire partie de programmes d'ajustement structurel ponctuels afin d'éviter leur intégration dans les attentes du secteur et de fausser les incitations à investir et les projets d'investissement actuels et futurs.

Les effets positifs et les coûts prévus des programmes de sortie de flotte doivent être évalués durant la phase de conception pour faire en sorte que le programme se traduise par un accroissement net du bien-être économique.

Les gouvernements doivent faciliter la participation des parties prenantes à la conception et à la mise en œuvre des programmes de sortie de flotte. Ainsi, les objectifs et l'exécution des programmes concernés seront mieux acceptés et respectés. L'utilisation de programmes pilotes pourrait se révéler utile. La participation des parties prenantes permettra également d'augmenter les chances de voir une coopération s'instaurer au niveau de la gestion des pêches, une fois l'ajustement opéré.

Mise en œuvre

Lors de la mise en œuvre des programmes de sortie de flotte, les gouvernements devraient veiller à la transparence des critères utilisés pour sélectionner les bénéficiaires des primes versées pour quitter la pêche.

Les mécanismes de définition des prix de rachat des navires, permis, licences et autres titres devraient garantir un usage optimal des fonds publics en termes d'impact sur la capacité et la rentabilité. Lorsque la situation le permet, les gouvernements devraient avoir recours à des enchères pour déterminer les prix et choisir les bénéficiaires des primes de sortie de flotte dans la mesure où, en règle générale, ces enchères se révèlent être le moyen le plus rentable pour déterminer les prix et [où] elles assurent la meilleure efficience économique de l'allocation de ressources.

Lorsque des flottes ou des détenteurs de licence doivent être plus précisément ciblés, d'autres mécanismes, comme les primes forfaitaires, peuvent se révéler moins complexes et coûteux à mettre en œuvre et devraient donc être envisagés par les gouvernements. Ceux-ci devraient s'assurer que ces mécanismes sont transparents et ciblés et qu'ils permettent de réduire au minimum les coûts de transaction associés à leur utilisation.

Les pouvoirs publics doivent viser la capacité active et inactive s'ils veulent être sûrs de véritablement réduire la capacité et éviter que l'effort inactif ne soit réactivé dans la pêche une fois le programme de sortie de flotte terminé. Ils devraient tenir compte de l'impact que peut avoir le retrait séquentiel de la capacité active et inactive sur la durabilité des ressources et la rentabilité économique.

Conformément au principe du bénéficiaire-payeur, les pouvoirs publics doivent exiger des bénéficiaires des programmes de sortie de flotte qu'ils en assument une partie des coûts. Le financement par le secteur et les pouvoirs publics incite davantage à une gestion concertée de la pêche, car les pêcheurs qui restent en activité se sentent plus impliqués dans l'avenir de la pêche, particulièrement lorsqu'un bon système de gestion est en place.

Des évaluations *a posteriori* des programmes de sortie de flotte, associées à des indicateurs de performance mesurables mis au point parallèlement aux objectifs du programme, doivent être entreprises pour améliorer la transparence et accroître la responsabilisation. En outre, les futurs programmes bénéficieront, pour leur conception et leur mise en œuvre, de l'expérience des programmes passés.

Source : OCDE (2009), *Réduction de la capacité de pêche : Bonnes pratiques en matière de plans de sortie de flotte*, http://dx.doi.org/10.1787/9789264059658-fr?site=fr.

Économie politique

Indispensable, la réforme n'en est pas pour autant aisée, ni les choix évidents. Même lorsque la nature des problèmes et les solutions envisageables recueillent un large consensus, il reste difficile de progresser. Toutes les réformes font des gagnants et des perdants ; il est impossible de satisfaire tout le monde en tous points. De plus, si les professionnels acceptent en général les échecs dus aux problèmes habituels, ils acceptent moins facilement les échecs causés par la gestion des pêches (McLoughlin et Findlay, 2005). En conséquence, les groupes de parties prenantes peuvent chercher à éviter voire empêcher les réformes nécessaires, ou bien les accepter, mais exiger des compensations. Les gestionnaires des pêches doivent déployer des stratégies efficaces en réponse à la pression exercée par le public et par les acteurs, afin de réunir un consensus autour de la réforme, d'atteindre les objectifs de l'action publique et de traiter équitablement les acteurs concernés.

En règle générale, les économistes voient dans les quotas individuels transférables un bon moyen de résoudre les problèmes de bien commun, mais l'introduction de cette solution soulève rarement l'enthousiasme des pêcheurs. En effet, les pêcheurs disposent grâce à leurs compétences de « rentes inframarginales non transférables » qu'ils ne souhaitent pas abandonner (Johnson et Libecap, 1982 ; Karpoff, 1987). Autrement dit, les pêcheurs plus qualifiés estimant pouvoir mieux faire que d'autres dans le contexte actuel veulent préserver cet avantage. Aux quotas individuels transférables, ils préfèrent les programmes de rachat, qui réduisent la concurrence (Reimer, Abbott et Wilen, 2014).

Les conditions économiques du secteur halieutique peuvent réduire le nombre de solutions envisageables par les pouvoirs publics. Il est plus difficile d'adopter des réformes qui réduisent temporairement les captures lorsque beaucoup de pêcheurs ont des revenus faibles et peu d'autres perspectives d'emploi. Si les stocks de cabillaud ont fini par s'effondrer au large du Canada, c'est en partie parce que les décideurs craignaient que la réduction des captures ne provoque chômage et faillites. Par ailleurs, lorsque la santé économique du secteur est globalement satisfaisante, un choc négatif a une incidence moins grave du point de vue économique et la réaction mise en œuvre est généralement plus efficace en termes de gestion (Grafton et al., 2006).

Dès lors que l'action publique a une incidence sur les profits, les pouvoirs publics peuvent s'attendre à subir la pression des acteurs cherchant à influencer l'ampleur et la répartition du gain. Les mesures réglementaires ou budgétaires peuvent avoir des répercussions considérables sur les revenus, la rentabilité des investissements ou d'autres facteurs. Les acteurs cherchent donc évidemment à les influencer. Le lobbying s'efforce de maximiser les avantages pour le groupe qui le pratique, dont les intérêts ne correspondent pas forcément à ceux de la société dans son ensemble. Une partie du processus de réforme consiste à interagir de façon constructive avec les lobbyistes pour ne pas perdre le soutien des acteurs sans pour autant sacrifier les objectifs collectifs plus larges.

Si le terme « lobbying » a des connotations négatives, c'est simplement une façon pour les parties prenantes de défendre leurs intérêts. Pour veiller à ce que les décisions des pouvoirs publics reflètent les intérêts de tous les acteurs de manière équilibrée, il serait judicieux d'instaurer des processus structurés et de prévoir des interlocuteurs précis au sein des institutions. Sans canal officiel, les lobbyistes chercheront l'oreille la plus influente ou le moyen le plus efficace de faire valoir leur position. Cela peut favoriser les grèves, la communication par médias interposés ou la conclusion d'accords directement avec les responsables politiques. Ces approches placent le lobbying hors de portée des organismes de gestion, jusqu'à rendre les relations avec le secteur moins constructives.

Faire face aux coûts de la réforme imposés aux parties prenantes

Chercher à atténuer les coûts humains d'une réforme tout en optimisant la valeur et la préservation des stocks est parfois difficile. Dans l'Union européenne, par exemple, la nouvelle politique commune de la pêche prévoit d'atteindre un niveau de rendement maximal durable pour tous les stocks d'ici à 2015 si possible et au plus tard d'ici à 2020. Pour atteindre ce niveau dans les temps, il est nécessaire de définir une règle d'exploitation fondée sur des évaluations des stocks. Or, ces évaluations varient, tout comme le volume annuel de capture autorisé. Des évaluations conduisant à réduire drastiquement le total admissible de capture peuvent bouleverser le secteur au point de causer une crise (encadré 2.13). De plus, comme le souligne le rapport *Redressement des pêches : le cap à suivre* (OCDE 2013), différentes solutions sont envisageables selon la situation et les résultats escomptés (graphique 2.8). En particulier, le redressement sera plus ou moins rapide en fonction des taux de capture actuels et ciblés, du volume de captures nécessaire à la viabilité du secteur durant le redressement, ainsi que de l'appauvrissement et du risque d'effondrement du stock.

Encadré 2.13. Incidence de la réduction des quotas au nord-est des États-Unis

Au nord-est des États-Unis, de nouvelles évaluations des stocks – essentiels pour certains – ont poussé les autorités à réduire fortement les quotas relatifs aux espèces démersales en 2013. À titre préventif, le ministère du Commerce avait déclaré l'état de catastrophe naturelle pour le secteur halieutique dès l'automne 2012, déclenchant ainsi l'assistance fédérale au titre de calamités pour la région touchée.

« Nous savons que certains ports de pêche très dépendants des stocks de cabillaud, d'églefin et de plie grise vont traverser des années difficiles », a expliqué John Bullard, responsable régional de la National Oceanographic and Atmospheric Administration (NOAA). « Nous avons fait notre possible pour atténuer les répercussions des réductions de quota, mais seul un effort collectif préservera la viabilité des pêches et des entreprises de la filière durant le rétablissement de ces stocks. »

La NOAA agit sur plusieurs plans pour aider les pêcheurs à s'adapter à ces mesures, notamment :

- en augmentant les quotas portant sur des stocks en meilleure santé, par exemple pour le sébaste, la merluche blanche et le lieu. Consciente des difficultés des pêcheurs de poissons démersaux, la NOAA a relevé le quota de merluche blanche en 2013 d'environ 15 %, suite à des analyses montrant que le stock se portait mieux.
- en adaptant le programme de reconstitution du stock de plie rouge sur la dorsale médio-atlantique au large du sud de la Nouvelle-Angleterre. En conséquence, le plafond de capture pour ce stock a été augmenté de plus de 150 % en 2012 et devrait rapporter, selon les estimations, 5.4 millions USD supplémentaires au débarquement.
- en autorisant le report, d'une année sur l'autre, de quotas non pêchés ; en diminuant les tailles légales minimum pour permettre le débarquement des captures ; et en assouplissant certaines exigences de déclaration et de suivi, notamment concernant les activités pratiquées à la main avec de petits engins.
- en permettant aux navires du secteur de demander à la NOAA de pêcher dans des zones normalement interdites.

Source : communiqué de presse NOAA, avril 2013, http://www.nero.noaa.gov/mediacenter/2013/04/2013_groundfish_measures.html

Graphique 2.8. Trois trajectoires de redressement possibles

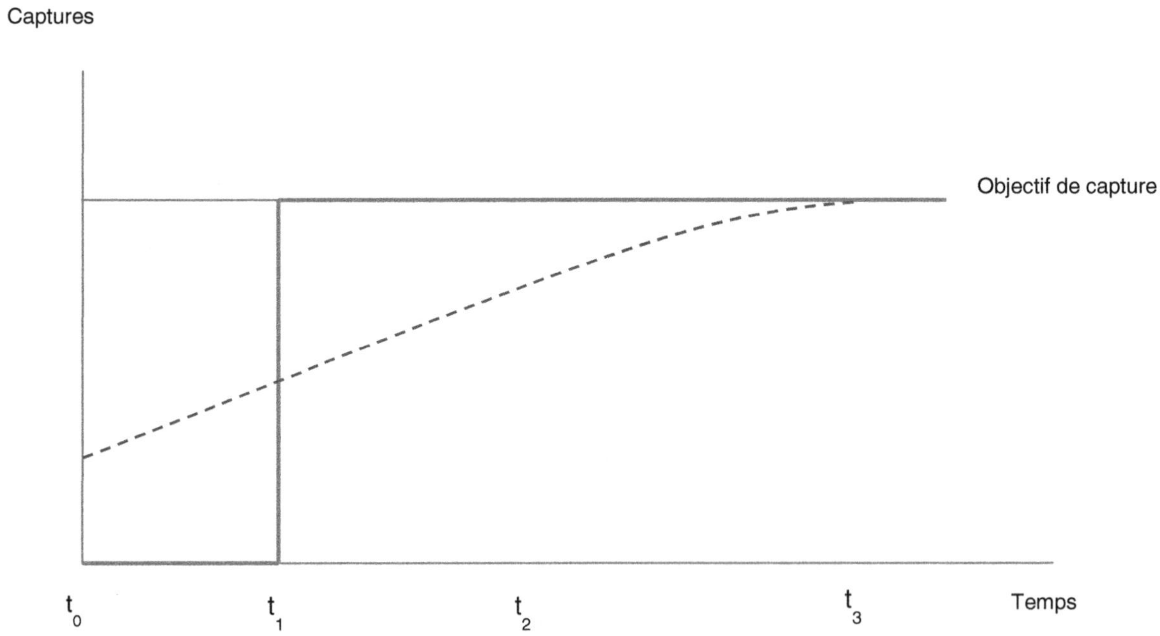

Source : OCDE (2013), Redressement des pêches : le cap à suivre, http://dx.doi.org/10.1787/9789264168916-fr.

En termes d'optimum économique et biologique, l'échappement constant apparaît depuis quelques temps déjà comme la meilleure approche face à la variation annuelle (Reed, 1979). Cette stratégie implique que toutes les variations de stocks dues à des facteurs externes doivent être prises en compte immédiatement en ajustant les captures de façon à préserver la constance de la biomasse féconde (« échappement » après capture). En pratique, tenir compte de toutes les variabilités annuelles dans le niveau de capture perturbe trop le secteur et nécessite des évaluations très précises des stocks. Aussi les autorités privilégient-elles en général une adaptation plus lente afin d'équilibrer variabilité des revenus et risques d'appauvrissement des stocks. Ce choix du rythme adéquat relève essentiellement d'un problème d'économie politique ; il impose de trouver un juste milieu entre les avantages d'un ajustement rapide des stocks au regard de leur taille optimale et les bouleversements que causent des changements importants ou rapides des captures autorisées.

Limiter la variation annuelle des prélèvements stabilise le secteur au prix d'un risque accru pour le stock halieutique. Une autre solution consiste à appliquer des mesures d'accompagnement comme les paiements au titre des calamités pour lisser les revenus des pêcheurs en cas de réduction du TAC. Cette approche perturbe plus le fonctionnement du secteur (et les acteurs en aval de la filière comme les transformateurs), mais protège mieux le stock et facilite sa restauration dans un délai court. Les gestionnaires peuvent aborder de différentes manières les coûts humains de la réforme. Les cinq méthodes les plus communes sont les suivantes :

- *S'en remettre aux systèmes d'assistance sociale existants :* simple, peu coûteuse et aisée sur le plan administratif, cette solution convient bien aux petites réformes, mais n'est pas forcément praticable dans les zones rurales en proie depuis longtemps à des difficultés économiques. Citons pour illustrer cette approche la protection sociale complémentaire accordée aux pêcheurs en France et en Norvège lorsque le soutien direct dont ils bénéficient est modifié ou supprimé.

- *Aménager la réforme :* cette solution nécessite une mise en place plus longue, des exemptions et des exceptions plus durables et d'autres adaptations sélectives visant à renforcer l'acceptabilité du projet et à atténuer son impact. Cette approche a l'avantage d'être ciblée, mais risque de devenir permanente et de compromettre l'ajustement. Y recourir peut porter atteinte à la crédibilité et faire douter de la détermination des pouvoirs publics.

- *Diversifier l'économie* locale afin de renforcer sa résilience face à la réforme, et celle du marché du travail. Les politiques actives du marché du travail – par exemple assurance-emploi, retraite anticipée, conseils et formation, soutien régional, aide aux investissements dans le secteur et dans les infrastructures – ont fait leurs preuves, et sont bien comprises et bien acceptées. Les systèmes de soutien régional peuvent néanmoins maintenir en activité des secteurs inefficaces et fausser les marchés, en particulier quand d'autres secteurs reçoivent déjà un soutien.

- *Indemniser :* cette stratégie est efficace pour parvenir à réformer, mais comporte des risques. Il est difficile d'adapter le niveau des indemnités aux coûts estimés intuitivement par les acteurs, puisque souvent les estimations n'intègrent pas les mesures d'ajustement positif des opérateurs. Le dédommagement optimal dépend plus du montant à débourser pour parvenir à un accord que d'une réelle indemnisation des pertes subies ; un dédommagement complet n'est pas forcément nécessaire. L'indemnisation doit toujours être ciblée, limitée dans le temps et définie sur mesure pour permettre l'ajustement tout en minimisant les coûts et les distorsions du marché.

- *Mettre en place des réformes combinées :* associer à la réforme des politiques de soutien une évolution de la gestion peut limiter les coûts de l'ajustement, favoriser une plus grande efficacité et créer des opportunités économiques. Au début des années 1990, la Nouvelle-Zélande a ainsi supprimé ses subventions et adopté une gestion fondée sur les droits. Le nouveau système a donné aux pêcheurs restés en activité de bonnes chances de gagner leur vie correctement et leur a permis de racheter les droits de ceux mettant fin à la leur (OCDE, 2007).

Faire en sorte que la croissance soit inclusive

Pour l'essentiel, les réformes des pêches visent une meilleure efficience – meilleure utilisation des ressources, accroissement des revenus des pêcheurs et contribution économique accrue du secteur. Les problèmes d'équité peuvent toutefois occuper une place prépondérante dans le débat sur les détails de la réforme. La notion d'équité recouvre en l'occurrence de nombreux aspects, mais dans les faits, elle a consisté jusqu'à maintenant à préserver la répartition des droits en l'état, à privilégier les acteurs déjà en activité et non les nouveaux venus, et à éviter de contraindre des pêcheurs à quitter le secteur.

Les gestionnaires des pêches et les responsables de l'action publique doivent coopérer avec les acteurs pour obtenir des résultats efficaces. Mais cette coopération, fondée sur des incitations à participer, doit s'accompagner d'une répartition équitable des avantages de la réforme entre tous les acteurs. Pour trouver cet équilibre et compenser l'influence du lobbying, il faut organiser de vastes consultations (d'abord avec les organisations de pêcheurs, ensuite plus largement avec la société civile) et s'appuyer sur des relations solides entre les responsables de la politique de la pêche et les autres représentants des pouvoirs publics. La cohérence de l'action publique repose en partie sur la capacité à créer des passerelles entre les différents domaines de cette action. Idéalement, les ministères ou les organismes responsables des domaines concernés – environnement, ressources naturelles, industrie, emploi – devraient recevoir un mandat et des attributions formels.

Dans le secteur halieutique, l'intégration des différentes parties prenantes passe souvent par les associations de pêcheurs, les conseils régionaux et d'autres autorités locales dont le mandat inclut la répartition des opportunités de pêche. La cogestion apparaît comme une version moderne d'organisation locale pouvant remplacer une gouvernance plus centralisée (encadré 2.14). S'il existe de nombreuses formes de cogestion, toutes reposent sur un partage des responsabilités négocié de façon plus ou moins explicite et approuvé par la collectivité concernée. Dans les économies modernes, les pouvoirs publics sont presque toujours partie à ces accords et, en cas de différends, la décision finale leur appartient souvent (Ménard, 2014).

Chaque fois ou presque qu'une réforme des pêches a instauré des droits personnalisés, ces derniers ont été attribués en fonction de l'activité passée du pêcheur (encadré 2.15). Ce mode d'allocation satisfait l'un des principaux facteurs d'équité, en autorisant les anciens participants à poursuivre leur activité s'ils le souhaitent. Souvent, ces droits ne s'accompagnent d'aucune redevance et, quand ils portent sur un stock appauvri, sont de faible valeur. Il s'agit alors d'avantager leurs titulaires pour les inciter à accepter les réformes.

Cette approche contraste avec celle adoptée dans le secteur des télécommunications, où les droits d'utilisation de fréquences sont vendus aux enchères, parfois à hauteur de milliards de dollars. En principe, les enchères constituent une stratégie mieux adaptée en termes d'intégration de tous les acteurs, puisque la valeur des droits revient au grand public au travers des revenus dégagés. Cette stratégie est inhabituelle dans les pêches, car contrairement au spectre radio à répartir, la ressource est déjà utilisée légalement, si bien que l'accès à cette ressource est déjà réparti *de facto*. Autre facteur, les participants aux enchères de fréquences sont de grandes entreprises, dont les capitaux sont suffisants et les plans d'exploitation relativement sûrs, alors que les pêcheurs peuvent éprouver des difficultés financières à acheter un droit de pêche, et leur avantage à le faire dépend de l'évolution incertaine du stock. Une croissance inclusive implique également les relations entre les pêcheurs et le reste de la société. Dans la plupart des pays, la pêche représente une proportion modeste du PIB, si bien que le partage des bénéfices n'est pas crucial pour les pouvoirs publics, qui sont libres de conserver une approche spécifique au secteur. Mais lorsque les quotas prennent une valeur inattendue, la distribution des bénéfices qui en résulte peut inciter à changer la situation.

Encadré 2.14. La coquille Saint-Jacques en baie de Saint-Brieuc

La pêche à la coquille Saint-Jacques en baie de Saint-Brieuc offre un parfait exemple de cogestion impliquant pêcheurs, chercheurs et pouvoirs publics. Au début de la campagne, les professionnels collectent des échantillons pour évaluer la biomasse et prendre les décisions adéquates. En s'appuyant sur les avis scientifiques, la commission chargée des mollusques et crustacés au sein du Comité régional des pêches définit des niveaux et conditions de capture qu'elle soumet aux pouvoirs publics pour validation. Les pêcheurs sont ensuite chargés de les appliquer (période de pêche, durée, etc.), tandis que l'État veille à leur respect (surveillance aérienne par exemple). En cas d'infraction (prélèvements excessifs, trafic illégal), les représentants de la profession peuvent porter plainte contre les contrevenants et/ou décider de sanctions internes (suspension de permis notamment). Mis en œuvre dans les années 1980, ce système est jugé concluant : il a permis aux pêcheurs de réduire leurs coûts d'exploitation, d'améliorer sensiblement la commercialisation de leur production et de renforcer la pérennité de leur activité.

Source : Weigel, J.Y. et D. de Monbrison (2013), *State of the Art of Fisheries Co-Management.*

Encadré 2.15. Allocation initiale

Plusieurs pays ont proposé de mettre les droits de pêche aux enchères avant de revenir sur leur décision face à l'opposition des pêcheurs qui auraient dû payer pour obtenir un droit dont ils jouissaient déjà gratuitement. Le cas s'est produit en Estonie, notamment (Eero et al., 2005 ; OCDE, 2009). Les pêcheurs ont estimé injuste de payer leurs droits de pêche alors que leurs concurrents sur les marchés internationaux ne payaient rien. De plus, la mise en œuvre des enchères elles-mêmes était devenue problématique dans la mesure où les enchérisseurs s'organisaient en coopératives, ce qui constitue un problème bien connu de la théorie des enchères (Laffont et Tirole, 1983). De même, en Russie, les enchères ont été appliquées aux quotas en 2001 avant d'être abandonnées en 2004 pour des raisons pratiques (Honnelund, 2005). Le seul cas apparemment satisfaisant où les droits de pêche ont été mis aux enchères concerne, dans l'État de Washington (États-Unis), la pêche au panopéa du Pacifique dans le détroit de Puget, laquelle présente des caractéristiques spécifiques et fait l'objet d'une gestion décentralisée, doublée d'une participation active des parties prenantes (Huppert, 2005).

Source : Haraldsson, G. et D. Carey (2011), « Ensuring a Sustainable and Efficient Fishery in Iceland », document de travail n° 891 du département des Affaires économiques de l'OCDE, Éditions de l'OCDE, Paris, http://dx.doi.org/10.1787/5kg566jfrpzr-en.

En général, les quotas individuels transférables sont alloués dans le cadre d'une réforme voulue pour reconstituer un stock appauvri. Dans un premier temps, la valeur du quota est basse, car la productivité est faible. La reconstitution entraîne un accroissement des captures et une augmentation progressive de la valeur du quota. Ce constat a été fait en Alaska et sur la côte ouest du Canada (OCDE, 2010), ainsi qu'en Islande, où les quotas avoisinent désormais en valeur 2 % du PIB (encadré 2.16). Cet accroissement de valeur dû à l'amélioration de la ressource profite en l'occurrence aux titulaires des quotas.

En Islande, le système en place est critiqué. En effet, initialement, les quotas étaient attribués gratuitement aux pêcheurs en fonction des antécédents de capture, et non mis aux enchères ou vendus. Cette première méthode d'allocation est fréquente, car les quotas portant sur des stocks appauvris sont de faible valeur au départ (ce qui limite les enjeux d'une négociation) ; elle a aussi de fortes chances de satisfaire les pêcheurs en activité. L'allocation gratuite basée sur les prélèvements antérieurs peut néanmoins sembler injuste, car la rente de la ressource profite à quelques titulaires de quotas au lieu d'être répartie très largement. Ainsi, une redistribution a-t-elle été demandée non seulement au vu de la valeur croissante des quotas, mais aussi dans le contexte de la crise financière de 2008 dont les répercussions touchaient toute l'économie islandaise. Pour remédier à ce déséquilibre entre les pêcheurs et la collectivité, il a été proposé de relever la taxe sur la rente halieutique ou de confisquer des quotas individuels transférables pour les mettre aux enchères (Haraldsson et Carey, 2011).

L'expérience montre, en Islande et ailleurs, que les plans d'allocation des droits de pêche doivent prévoir l'éventualité d'une hausse importante de la valeur de ces droits. Corriger les déséquilibres après coup est à éviter pour plusieurs raisons : cela peut renforcer un climat d'incertitude, désavantager les titulaires ayant acheté leurs droits après l'allocation initiale (ce qui déplace le problème d'équité, mais ne le résout pas), entraver une bonne gestion, voire être illégal (Haraldsson et Carey, 2011).

Assortir dès le départ le cadre de répartition d'un mécanisme de redistribution garantit l'équité sans générer d'incertitude supplémentaire. Plusieurs solutions sont envisageables. Ainsi, il est possible d'assortir l'allocation d'options financières basées sur la valeur du droit alloué et, par exemple, de contraindre les titulaires à vendre les options d'achat aux pouvoirs publics. C'est une façon de plafonner la valeur des droits transférés aux premiers allocataires. En permettant aux pouvoirs publics de racheter ultérieurement les droits, à un prix fixé à l'avance, on crée la possibilité de partager plus largement l'augmentation de la valeur au-delà du prix fixé.

Pour se faire une idée, imaginons une allocation initiale de quotas individuels transférables qui portent sur un stock appauvri et dont la valeur est donc faible, par exemple de 10 EUR. Les autorités se réservent une option d'achat nettement hors du cours, par exemple de 100 EUR, en payant aux titulaires une juste valeur de marché. Si la valeur du quota individuel transférable reste inférieure à 100 EUR, l'achat n'a pas lieu d'être, et le pêcheur conserve sa part de quotas et le paiement reçu pour l'option d'achat. Si le prix du quota individuel transférable augmente, pour atteindre par exemple 150 EUR, alors l'option est « dans le cours » - les autorités peuvent acheter les quotas pour 100 EUR, en deçà de leur valeur marchande actuelle. Les pouvoirs publics peuvent alors redistribuer ce quota aux nouveaux participants, ou bien le revendre aux pêcheurs en activité au prix courant et engranger ainsi un gain de 50 EUR qu'ils peuvent ensuite redistribuer selon ce qui leur semble approprié.

Plus généralement, si des marchés dérivés sont autorisés, les pouvoirs publics peuvent lever des options d'achat à tout moment et à n'importe quel prix d'exercice. Ces marchés reposant sur une participation volontaire, le pêcheur qui vendrait l'option bénéficierait avec le paiement de cette option d'une juste compensation. Ainsi, les autorités peuvent couvrir l'essentiel des scénarios possibles concernant l'évolution de la valeur de la ressource, d'une manière équitable tant vis-à-vis des titulaires de droits que des autres parties prenantes.

Une autre solution consiste à définir à l'avance une taxe sur la ressource qui dépend de la valeur des droits. Une telle taxe pourrait être conçue pour s'appliquer une fois que la valeur atteint un multiple donné de leur valeur initiale. Les bénéficiaires de l'option ou de la taxe pourraient aussi être définis à l'avance, par exemple de manière à ce que la collectivité locale soit certaine de percevoir un bénéfice si l'activité devient nettement plus rentable. La taxe sur la ressource pourrait notamment être définie à « 10 % de la valeur des droits au-dessus de 100 EUR par an ».

Encadré 2.16. Quotas individuels transférables : l'expérience islandaise

En Islande, les quotas individuels transférables ont été introduits en 1984 pour la pêche au cabillaud, avant d'être étendus à d'autres espèces. Une fois en vigueur la loi de 1990 sur la pêche, ils se sont appliqués à toutes les pêches importantes. Concrètement, chaque entité de pêche détient un certain pourcentage du TAC de différentes espèces ou y a droit. Ces quotas sont, dans une large mesure, négociables et peuvent être vendus ou, sous certaines conditions, loués. Initialement exclus de ce système, les artisans pêcheurs étaient alors soumis à des limites d'effort. Parmi les autres exceptions figuraient notamment les quotas régionaux et les règles spécifiques aux palangriers.

Depuis l'introduction de quotas individuels transférables, le secteur a gagné en efficience économique et sa main-d'œuvre est désormais plus productive que celle des pêches norvégiennes et suédoises (Eggert et Tveteras, 2007). Cette efficience accrue a renforcé la rente de la ressource et, avec elles, la valeur des permis. D'après de récentes estimations, la rente nette est comprise entre 14 et 34 milliards ISK (soit entre 0.9 et 2.2 % du PIB) par an (Kristofersson, 2010 ; Steinsson, 2010).

Source : Haraldsson, G. et D. Carey (2011), « Ensuring a Sustainable and Efficient Fishery in Iceland », document de travail n° 891 du département des Affaires économiques de l'OCDE, http://dx.doi.org/10.1787/5kg566jfrpzr-en.

Mesurer les progrès réalisés par rapport aux objectifs

Élaborer un cadre et des principes d'évaluation

Les politiques de croissance verte doivent reposer sur une bonne compréhension des différents facteurs en jeu. Par ailleurs, des informations adéquates sont nécessaires pour suivre les progrès et mesurer les résultats. Pour suivre les progrès vers une croissance verte, il faut disposer d'indicateurs fondés sur des données comparables au niveau international. Ces indicateurs doivent s'inscrire dans un cadre conceptuel et être choisis en fonction de critères bien définis. À terme, ils doivent permettre d'adresser des messages clairs aux décideurs comme au grand public. Dans le cadre de sa Stratégie pour une croissance verte, l'OCDE a élaboré un cadre conceptuel et des indicateurs qui aident les gouvernements à suivre les progrès réalisés.

L'OCDE répartit ses indicateurs de croissance verte en quatre groupes reflétant les principales caractéristiques de cette croissance.

- **La productivité de l'environnement et des ressources**, pour montrer si la croissance économique devient plus verte avec l'utilisation plus efficiente du capital naturel et pour tenir compte des aspects de la production qui sont rarement quantifiés dans les modèles et les cadres comptables économiques.
- **Le patrimoine naturel**, pour montrer les risques qui, au regard d'un patrimoine naturel appauvri, menacent la croissance.
- **La qualité de vie environnementale**, pour montrer comment les conditions environnementales affectent la qualité de vie et le bien-être des individus.
- **Les opportunités économiques et l'action publique**, pour montrer l'efficacité des mesures en termes de croissance verte et décrire les interventions nécessaires afin de garantir les débouchés commerciaux et les perspectives d'emploi (OCDE, 2011b).

L'élaboration d'indicateurs exige un investissement considérable, et la définition et la collecte des données nécessaires posent de nombreuses difficultés pratiques. En collaborant, les pays de l'OCDE peuvent se répartir les coûts tout en adoptant un cadre et une démarche cohérents. De nombreux problèmes demeurent cependant, en particulier :

- Les données environnementales et économiques sur le secteur restent très lacunaires.
- Les données physiques sur les principaux stocks et flux d'actifs naturels doivent être développées et améliorées. Il s'agit en particulier des informations sur les terres et les changements d'utilisation des terres ou encore sur les ressources minérales non énergétiques, qui représentent souvent des intrants essentiels pour la production.
- L'amélioration des données physiques permettra aussi de mieux analyser les flux de matières.
- Les informations concernant la biodiversité doivent être améliorées.
- Il convient aussi d'estimer la valeur monétaire des (variations des) principaux stocks et flux d'actifs naturels en tenant compte de leur prix et de leur quantité. De telles évaluations, même incomplètes et imparfaites, sont nécessaires pour élargir les modèles de comptabilité de la croissance, établir des bilans plus complets et mesurer le revenu réel corrigé.
- Des informations sur la façon dont les considérations environnementales stimulent l'innovation dans les entreprises devraient être produites périodiquement.
- Il faudrait réfléchir à la meilleure manière de compléter les indicateurs relatifs aux instruments économiques par des indicateurs relatifs aux réglementations environnementales.
- Il faudrait également améliorer la mesure des dimensions tant objectives que subjectives de la qualité de vie, en particulier des problèmes de santé induits par l'environnement et des coûts correspondants, et des perceptions du public (OCDE, 2011b).

Réaliser la croissance verte

La Stratégie de l'OCDE pour une croissance verte préconise une approche à l'échelle de l'économie entière pour remédier aux effets de la crise économique tout en assurant à la croissance une assise viable. Elle embrasse une multitude d'interventions publiques : réforme budgétaire, réforme de la politique de réglementation ; réformes de la politique d'innovation ; stratégies en matière d'emploi ; instruments d'atténuation du changement climatique ; mesures visant l'efficacité énergétique ; politique de la concurrence dans les industries de réseau, et plus encore (OCDE, 2011c). Dans ce contexte, appliquer la croissance verte à la pêche revêt deux aspects. Il s'agit tout d'abord de définir le rôle potentiel du secteur au sein du processus de réforme en faveur de la croissance verte à l'échelle de l'économie entière. Cela implique de participer à des initiatives plus larges, par exemple supprimer les subventions nuisibles à l'environnement, préserver le capital naturel et lutter contre le changement climatique. Dans un second temps, il s'agit d'appliquer les principes généraux de la Stratégie au cas particulier du secteur halieutique.

Concernant le rôle des pêches dans le contexte d'une réforme plus vaste, la première priorité consiste à veiller à la cohérence des mesures – en harmonisant davantage l'élaboration et les objectifs de la politique de la pêche avec ceux des autres domaines nationaux. Il est important ensuite de s'intéresser aux actions relatives au changement climatique, lequel constitue un enjeu mondial contre lequel chaque secteur doit agir. Qui plus est, ce phénomène a des conséquences directes sur l'activité halieutique : un océan qui se réchauffe et s'acidifie et dont le niveau monte présente des risques et ajoute à l'imprévisibilité de l'avenir de la pêche. Dans ce contexte, continuer à accorder des avantages fiscaux qui encouragent la consommation de carburants fossiles est contreproductif. Y mettre fin est néanmoins particulièrement difficile et la seule façon d'y parvenir consiste peut-être à remettre en question la totalité des subventions néfastes à l'environnement, dans l'ensemble de l'économie. Cette démarche est en accord avec l'engagement des ministres du G20 « d'éliminer progressivement et de rationnaliser à moyen terme les subventions inefficaces aux combustibles fossiles [qui] encouragent la surconsommation » (G20, Déclaration de Pittsburgh 2009). Enfin, les pêcheurs ont de bonnes raisons de vouloir assurer la durabilité des ressources marines, mais ils ne sont pas les seuls. L'intérêt de préserver la richesse de l'écosystème marin va très au-delà du secteur halieutique. En conséquence, l'évaluation des ressources naturelles marines visant à définir une action appropriée doit adopter une perspective plus large que celle de la pêche, ou même que celle des utilisateurs directs, pour inclure une évaluation de la non-exploitation de la mer.

Apprendre des réussites et des échecs nationaux et étrangers

Ce rapport souligne qu'il est important de fixer des objectifs, de définir les responsabilités et de mesurer les avancées réalisées. Dans un cadre institutionnel bien défini, il en ressortira un cycle positif d'amélioration continue grâce à un retour d'expérience utile et pratique à mesure de l'évolution de la situation dans les pêches.

Les enseignements retirés des échecs et des réussites « à domicile » sont importants, mais ils peuvent aussi découler de l'expérience d'autres pays. L'adoption de quotas individuels transférables s'est accélérée après une mise en œuvre concluante, notamment dans les premiers pays ayant fait ce choix. Dès que les exemples d'un système se multiplient, il devient possible d'en étudier les effets avec une rigueur accrue (Costello et al., 2008 ; Brinson et Thunberg, 2013).

L'une des principales missions de l'OCDE consiste à réunir ses pays membres pour leur offrir la possibilité de partager leurs expériences afin que tous en profitent. Le Comité des pêcheries (COFI) organise ainsi notamment des ateliers qui rassemblent les parties prenantes du secteur et les pouvoirs publics (OCDE, 2010, 2012). Au fil des années, les participants au COFI ont soumis un grand nombre d'études de cas (voir par exemple OCDE, 2006, 2007, 2009, 2010a, 2010b, 2011).

Inventorier les expériences et les soumettre le cas échéant à l'analyse scientifique permet parfois d'éviter des erreurs, de défendre les réformes et de réduire les coûts. Malheureusement, partout dans le monde, de nombreuses pêches bien gérées ont traversé au moins une période d'effondrement ou de crise, sur le plan soit économique, soit biologique. Investir dans le partage des connaissances peut aider à éviter ces expériences coûteuses.

Encadré 2.17. Que nous enseignent les essais de mise en œuvre de mesures propices à la croissance verte?

L'OCDE a fait le bilan des avancées réalisées dans la mise en œuvre de mesures propices à la croissance verte depuis la publication en 2011 de l'étude *Vers une croissance verte.* Si des progrès ont été faits, ils sont lents et beaucoup reste à accomplir. Les principales conclusions sont les suivantes :

- Les mesures pour une croissance verte sont susceptibles d'avoir à long terme des incidences bénéfiques sur le bien-être, mais à court terme, les coûts de transition freinent leur mise en œuvre.
- Malgré certaines avancées, les cadres pour une croissance verte ont un champ d'action encore restreint. Le principal enjeu ici consiste à coordonner les mesures et à mettre au point des indicateurs et des instruments pour suivre les progrès de la mise en œuvre.
- Les stratégies pour une croissance verte recourent abondamment aux instruments de tarification, mais les complètent également par une réglementation ou par des subventions, plus facilement acceptées, à même de remédier aux défaillances du marché et aux déficits d'informations.
- Les pays doivent poursuivre leurs efforts pour gérer les ressources naturelles de manière durable. Cela nécessite de développer des indicateurs permettant d'évaluer correctement ces ressources.
- L'innovation est indispensable à la croissance verte et plusieurs mesures au sein d'un cadre cohérent peuvent l'encourager. Les transferts de technologie ont par exemple un rôle important à jouer tant que les échanges et les flux financiers ne sont pas entravés.
- Les pays cherchent de plus en plus à investir dans des infrastructures résilientes et les politiques d'adaptation, mais il convient pour cela de mobiliser des financements publics et privés supplémentaires.
- Un enjeu important consiste à vaincre les résistances aux réformes et à trouver des compensations d'un bon rapport coût-efficacité à accorder aux perdants.

Source : OCDE (2013), « What Have We Learned from Attempts to Introduce Green-Growth Policies? », *OECD Green Growth Papers*, n° 2013/02, Éditions de l'OCDE, Paris, http://dx.doi.org/10.1787/5k486rchlnxx-en.

Alors que l'OCDE s'intéresse de plus en plus aux économies non membres, à l'aide au développement et aux pays en développement, notre capacité à partager nos connaissances et nos expériences devient d'autant plus cruciale. Les bénéfices qui en résulteront pour les pêches à l'échelle mondiale profiteront à tous.

Dans *Vers une croissance verte*, la croissance verte est vue comme « un complément stratégique aux priorités et domaines existants de réforme des politiques économique et environnementale. Les stratégies visant à assurer une croissance verte doivent cibler les domaines dans lesquels l'interaction entre la politique environnementale et la politique économique est manifestement profitable et mettre en œuvre des moyens efficaces par rapport à leur coût pour atténuer les pressions environnementales afin d'amorcer la transition vers de nouveaux modèles de croissance qui éviteront le franchissement de seuils environnementaux critiques » (OCDE, 2011c). Appliquer ces principes n'est pas toujours aisé et les enseignements tirés du processus au fil de son déroulement seront une aide précieuse pour les initiatives de demain (encadré 2.17).

Instaurer un nouveau cadre d'action

S'agissant de l'application de la Stratégie pour une croissance verte au secteur halieutique, les travaux de l'OCDE sur les pêches en reflètent d'ores et déjà à de nombreux titres les priorités et les perspectives. En effet, depuis longtemps, la grande difficulté des pouvoirs publics dans ce domaine a été d'obtenir le plus possible d'avantages économiques et sociaux des ressources halieutiques, mais aussi de savoir comment gérer et pérenniser ces ressources à long terme. On a donc cherché le meilleur moyen d'y arriver dans un certain nombre de domaines, des systèmes de gestion à l'ajustement social en passant par l'efficacité énergétique et les effets de la mondialisation. Ces travaux de recherche ont abouti à la formulation de quelques messages précis et fondamentaux, à savoir :

- **La gestion des stocks est la clé de voûte de la politique de la pêche.** Un stock en bonne santé, qui est pêché de façon durable, accroît l'efficacité et la rentabilité de l'activité halieutique, réduit la pression et les conflits sociaux, et fournit le maximum de produits aux consommateurs et les meilleures perspectives économiques aux transformateurs, aux grossistes et aux détaillants. En outre, des stocks bien gérés constituent un cadre de travail prévisible. Une mauvaise gestion des stocks finit par saper les actions conduites pour atteindre les autres objectifs de la politique de la pêche. La coopération internationale a un rôle à jouer dans la gestion des stocks.

- **Améliorer l'efficience de la pêche.** De même que des stocks en bonne santé sont essentiels pour un secteur en bonne santé, l'efficience économique est essentielle pour que la pêche procure un maximum d'avantages à tous. La surcapacité, la dépendance excessive vis-à-vis des subventions et la déstabilisation de l'économie côtière sont autant de signes d'inefficience. On voit mal comment le secteur peut contribuer de manière constructive aux objectifs sociaux à long terme s'il n'est pas aussi efficient que possible.

- **Disposer d'institutions efficaces.** L'expérience montre qu'en s'appuyant sur les mécanismes du marché ou sur des structures de proximité, on parvient à améliorer à la fois la gestion des stocks et l'efficience économique. Comme l'indique la diversité des systèmes de gestion des pêches en place dans les pays de l'OCDE, de nombreuses approches sont à cet égard possibles. Au-delà des systèmes de gestion, il faut que les instances de gouvernance soient ouvertes, transparentes, réactives, flexibles et particulièrement attentives aux avis scientifiques, pour que le secteur soit en bonne santé et croisse, et pour que les parties prenantes coopèrent dans un esprit constructif.

- **Étendre les limites de la gestion des pêches.** Il convient d'adopter une approche qui mobilise l'ensemble de l'administration dans la définition de l'action publique en général, de se référer à des critères de réussite clairs et mesurables, et de considérer la réforme comme une opportunité d'évaluer et d'améliorer en permanence les politiques. À mesure que s'enrichissent nos connaissances sur les interactions des écosystèmes marins, il faut passer de la gestion monospécifique à la gestion multispécifique, puis à celle des réseaux trophiques et enfin à celle de l'économie maritime.

- **Les pouvoirs publics doivent jouer leur rôle de facilitateurs de croissance** en supprimant les obstacles au changement, en soutenant l'innovation et en utilisant des modèles de gouvernance qui aident les pêcheurs à maximiser leur rentabilité.

Appliquer la Stratégie de l'OCDE pour une croissance verte à la pêche consiste aussi à respecter un certain nombre d'étapes importantes dans la mise en œuvre des réformes. Il s'agit par exemple d'identifier les risques inhérents à un *statu quo* et les avantages du passage à un modèle de croissance verte, de lever les obstacles à l'accomplissement de cette vision, de tenir compte de la dimension humaine de la réforme, de mesurer les progrès et, enfin, d'instaurer un nouveau cadre d'action. Conjuguées, ces étapes forment une approche globale qui s'appuie sur des éléments probants, privilégie la transparence et se concentre sur les résultats.

Le processus ne se limite pas à un point de départ et un point d'arrivée. L'approche applique les concepts de gestion évolutive et d'apprentissage institutionnel, faisant de la réforme un processus continu. Cela revêt une importance particulière pour les pêches dans la mesure où la ressource dont le secteur dépend présente des limites biologiques fondamentales et fluctue selon des facteurs qui ne sont pas pleinement maîtrisés. Pour que la croissance soit constante, les réformes visant à accroître l'efficience et la productivité doivent être continues elles aussi.

Suivant cette approche de la croissance verte, les pouvoirs publics facilitent la croissance, mais n'en sont pas la source. La Stratégie pour une croissance verte montre que des avancées considérables sont possibles en éliminant les obstacles. Trouver un modèle de gouvernance qui incite le secteur à innover et à croître tout en protégeant l'environnement et en réalisant des objectifs sociaux n'est pas toujours facile. Il n'existe pas de solution unique qui fonctionnerait dans tous les pays. Le processus consiste cependant, en partie, à se détacher du passé et à reconnaître qu'une nouvelle réalité exige une nouvelle approche.

Notes

1. Ces sections s'appuient sur les études menées à l'OCDE par le Comité des pêcheries dans le cadre de son programme de travail, consacré en 2013-14 notamment aux déchets, à l'énergie et à la gouvernance.

2. William A. Knudson (2008), *The Environment, Energy, and the Tinbergen Rule Bulletin of Science Technology & Society, OnlineFirst*, http://dx.doi.org/10.1177/0270467608325375. La règle de Tinbergen énonce qu'à chaque objectif doit correspondre au moins une mesure. Si les mesures mises en œuvre sont moins nombreuses que les objectifs, alors certains objectifs ne seront pas atteints. Par ailleurs, le cadre d'action est plus complexe si certaines mesures 1) ont un effet sur plusieurs objectifs, 2) contribuent à en atteindre plusieurs ou 3) compliquent la réalisation d'une partie d'entre eux tout en facilitant la réalisation d'un autre. L'efficience varie en outre selon les objectifs. Pour donner aux décideurs les moyens d'atteindre efficacement leurs objectifs environnementaux et énergétiques, il convient d'élaborer tout un ensemble de mesures.

3. Les recherches en sociologie valident depuis longtemps ce constat ; voir Merton, selon qui les seules normes sociales efficaces sont celles qui sont assimilées par les acteurs.

Références

Agar, J.J., D.W. Carter et J.R. Waters (2008), « Economic Framework for Fishery Allocation Decisions with an Application to Gulf of Mexico Red Grouper », NOAA Technical Memorandum NMFS-SEFSC-576, pp. 1-100.

Banque mondiale (2013), *Fish to 2030: Prospects for Fisheries and Aquaculture*, Rapport de la Banque mondiale n° 83177-GLB, Washington DC, États-Unis.

Bishop, R. C. et K. C. Samples (1980), « Sport and Commercial Fishing Conflicts - a Theoretical-Analysis », Journal of Environmental Economics and Management, vol. 7, n° 3, pp. 220-33.

Brinson, A. et E. Thunberg (2013), The Economic Performance of U.S. Catch Share Programs, NOAA Technical Memorandum NMFS-F/SPO-133, août 2013.

Carter, D. W. et C. Liese (2012), « The Economic Value of Catching and Keeping or Releasing Saltwater Sport Fish in the Southeast USA », North American Journal of Fisheries Management, vol. 32, n° 4, pp. 613-25.

Comité pour l'environnement, l'alimentation et les affaires rurales de la Chambre des communes (2012), *Twelfth Report: EU proposals for reform of the Common Fisheries Policy*, HC 1563-I The Stationery Office Limited, Royaume-Uni.

Commission européenne (2012), *La croissance bleue : des possibilités de croissance durable dans les secteurs marin et maritime*, COM/2012/0494 final, http://eur-lex.europa.eu/LexUriServ/LexUriServ.do?uri=COM:2012:0494:FIN:FR:PDF.

Commission Océan Mondial (2014), *Du déclin à la restauration : un plan de sauvetage pour l'océan mondial, Commission Océan Mondial Résumé du rapport 2014,* Oxford, http://www.globaloceancommission.org/wp-content/uploads/GOC-French-Translation-2015.pdf.

Crilly, R. et A. Esteban (2012), *No Catch Investment*, New Economics Foundation, Londres.

Crilly, R. et A. Esteban (2011), *Value Slipping Through the Net*, New Economics Foundation, Londres.

Dalskov, Af Jørgen (2010), Workshop on Fully Documented Fishery, Technical University of Denmark, DTU Aqua-rapport, vol. 2010, n° 221.

Easley, J. E. et F. J. Prochaska (1987), « Allocating Harvests between Competing Users in Fishery Management Decisions - Appropriate Economic-Measures for Valuation », Marine Fisheries Review, Vol. 49, n° 3, pp. 29-33.

Edwards, S.F. (1991), « A Critique of Three 'Economics' Arguments Commonly Used to Influence Fishery Allocations », North American Journal of Fisheries Management, Vol. 1, n° 2, pp. 121-30.

Eero, M., M. Vetemaa et R. Hannesson (2005), « The Quota Auctions in Estonia and their Effect on the Trawler Fleet », Marine Resource Economics, Vol. 20.

Eggert, H. et R. Tveteras (2007), « Productivity Development in Icelandic, Norwegian and Swedish Fisheries », document de travail, n° 31/07. SNF-project n° 5175: « Fisheries management and development in fisheries: Comparative studies of Nordic Countries », Conseil nordique.

FAO (2012), *Pertes et gaspillages alimentaires dans le monde – Ampleur, causes et prévention,* Rome.

FAO (2002), *Mise en œuvre du Plan d'action international visant à prévenir, contrecarrer et éliminer la pêche illicite, non déclarée et non réglementée, FAO Directives techniques pour une pêche responsable 9*, Rome.

FAO (2001a), *Plan d'action international visant à prévenir, à contrecarrer et à éliminer la pêche illicite, non déclarée et non réglementée*, FAO, Rome.

FAO (2001b), *Déclaration de Reykjavik sur une pêche responsable dans l'écosystème marin*, Conférence de Reykjavik sur une pêche responsable dans l'écosystème marin, Reykjavik, Islande, 1-4 octobre 2001.

FAO (1995), *Code de conduite pour une pêche responsable*, Rome, www.fao.org/docrep/005/V9878F/V9878F00.HTM.

Fresh Start Project (2013), *Mandate for Reform: Securing the Right Deal for the UK, Equipping the EU for a Globalised World*, www.eufreshstart.org/downloads/mandateforreform.pdf.

G20 (2009), *Déclaration des Chefs d'État et de gouvernement du G20*, Sommet de Pittsburgh, 2009, http://trasvr1/GEIDEFile/G20_Pittsburgh_2009_FR.pdf?Archive=195405791368&File=G20_Pittsburgh_2009_FR_pdf.

Gentner, B., J. Kirkley, P.R. Hindsley et S. Steinback (2010), « Summer Flounder Allocation Analysis », *NOAA Technical Memorandum* NMFS-F/SPO-111.

Green, T.G. (1994), « Allocation between Commercial and Recreational Sectors in Stressed Marine Fisheries », *Society & Natural Resources*, Vol. 7, n° 1, pp. 39-56.

Haraldsson, G. et D. Carey (2011), « Ensuring a Sustainable and Efficient Fishery in Iceland », *Documents de travail du Département des affaires économiques*, n° 891, Éditions OCDE, Paris, http://dx.doi.org/10.1787/5kg566jfrpzr-en.

Holzer, J. et K. McConnell (2013), « Allocation without Property Rights », *Journal of the Association of Environmental and Resource Economists*, Vol. 1, pp. 209-32.

Honnelund, G. (2005), « Fisheries Management in Post-Soviet Russia: Legislation, Principles, and Structure », *Ocean Development & International Law*, Vol. 36, n° 2.

Huppert, D.D. (2005), « An overview of fishing rights », *Review of Fish Biology and Fisheries*, vol. 15, pp. 201-215.

Johnson, R.N. et G.D. Libecap (1982), « Contracting Problems and Regulation: The Case of the Fishery », *American Economic Review*, Vol. 72, n° 5, pp. 1005-22.

Kaffine D. et C. Costello (2011), « Unitization of Spatially Connected Renewable Resources », *The B.E. Journal of Economic Analysis & Policy*, Vol. 11, n° 1, article 15.

Karpoff, Jonathan M. (1987), « Suboptimal Controls in Common Resource Management: The Case of the Fishery », *Journal of Political Economy*, Vol. 95, n° 1, pp. 179–94.

Laffont, J.J. et J. Tirole (1983), *A Theory of Incentives in Procurement and Regulation*, Cambridge MA, MIT Press.

Larsen, T.A. et F. Asche (2011), « Contracts in the Salmon Aquaculture Industry: An Analysis of Norwegian Salmon Exports », *Marine Resource Economics*, Vol. 26, pp. 141-150.

Levhari, D et L. Mirman (1980), « The Great Fish War: An Example Using a Dynamic Cournot-Nash Solution », *The Bell Journal of Economics*, Vol. 11, n° 1, pp. 322-334.

Macfadyen, G., T. Huntington et R. Cappell (2009), *Engins de pêche abandonnés, perdus ou rejetés*, PNUE, Rapports et études des mers régionales, n° 185/FAO, Document technique sur les pêches et l'aquaculture, n° 523. PNUE/FAO, Rome.

Martini, R. (2012), « Fuel Tax Concessions in the Fisheries Sector », *Documents de l'OCDE sur l'alimentation, l'agriculture et les pêcheries*, n° 56, Éditions OCDE, Paris, http://dx.doi.org/10.1787/5k9bdccqft30-en.

McLoughlin, R. et V. Findlay (2005), « Implementation of Effective Fisheries Management », *Outlook '05*, Canberra, Australie.

Ménard, C. (2014), « Institutional Aspects of Governance in Fisheries Management », document interne de l'OCDE.

NOAA (2013), communiqué de presse, www.nero.noaa.gov/mediacenter/2013/04/2013_groundfish_measures.html, avril 2013.

NRDC (2013), *Bringing Back the Fish, An Evaluation of U.S. Fisheries Rebuilding Under the Magnuson-Stevens Fishery Conservation and Management Act*, Report # R-13-01-A, février 2013.

OCDE (2014), « Food Waste Along the Food Chain », *OECD Food, Agriculture and Fisheries Papers*, n° 71, Éditions OCDE, Paris, http://dx.doi.org/10.1787/5jxrcmftzj36-en.

OCDE (2013a), *Manuel de l'OCDE à l'intention des gestionnaires des pêches - Principes et pratiques d'élaboration des actions à mener*, Éditions OCDE, Paris, http://dx.doi.org/10.1787/9789264210455-fr.

OCDE (2013b), « What Have We Learned from Attempts to Introduce Green-Growth Policies? » *OECD Green Growth Papers*, n° 2013/02, Éditions OCDE, Paris, http://dx.doi.org/10.1787/5k486rchlnxx-en.

OCDE (2013c), *Moyens d'action au service de la croissance verte en agriculture*, Études de l'OCDE sur la croissance verte, Éditions OCDE, Paris, http://dx.doi.org/10.1787/9789264204140-fr.

OCDE (2013d), *OECD Review of Fisheries: Policies and Summary Statistics 2013*, Éditions OCDE, Paris, http://dx.doi.org/10.1787/rev_fish-2013-en.

OCDE (2012), *Redressement des pêches - Le cap à suivre*, Éditions OCDE, Paris, http://dx.doi.org/10.1787/9789264168916-fr.

OCDE (2011a), *Fisheries Policy Reform: National Experiences*, Éditions OCDE, Paris, http://dx.doi.org/10.1787/9789264096813-en.

OCDE (2011b), *Vers une croissance verte : suivre les progrès - Les indicateurs de l'OCDE,* Études de l'OCDE sur la croissance ver, Éditions OCDE, Paris, http://dx.doi.org/10.1787/9789264111370-fr.

OCDE (2011c), *Vers une croissance verte, Études de l'OCDE sur la croissance verte,* Éditions OCDE, Paris, http://dx.doi.org/10.1787/9789264111332-fr.

OCDE (2010a), *Advancing the Aquaculture Agenda: Workshop Proceedings*, Éditions OCDE, Paris, http://dx.10.1787/9789264088726-en.

OCDE (2011), *The Economics of Adapting Fisheries to Climate Change*, Éditions OCDE, Paris, http://dx.10.1787/9789264090415-en.

OCDE (2010c), *Rapport intérimaire de la Stratégie pour une croissance verte : concrétiser notre engagement en faveur d'un avenir durable,* Conseil au niveau des Ministres, 27-28 mai 2010, Paris, Document interne de l'OCDE.

OCDE (2009), *Réduction de la capacité de pêche - Bonnes pratiques en matière de plans de sortie de flotte*, Éditions OCDE, Paris, http://dx.doi.org/10.1787/9789264059658-fr.

OCDE (2008), *Recommandation du Conseil sur la productivité des ressources*, Document interne de l'OCDE.

OCDE (2007), *Structural Change in Fisheries: Dealing with the Human Dimension*, Éditions OCDE, Paris, http://dx.doi.org/10.1787/9789264037960-en.

OCDE (2006), *Fishing for Coherence: Proceedings of the Workshop on Policy Coherence for Development in Fisheries*, *The Development Dimension*, Éditions OCDE, Paris, http://dx.doi.org/10.1787/9789264025301-en.

OCDE (2002), « OECD Workshop on Waste Prevention: Toward Performance Indicators 8-10 October », ENV/EPOC/WGWPR/SE(2002)1/FINAL, OCDE, Paris, http://www.oecd.org/officialdocuments/publicdisplaydocumentpdf/?doclanguage=en&cote=env/epoc/wgwpr/se(2004)1/final.

OCDE (2001), *Responsabilité élargie des producteurs - Manuel à l'intention des pouvoirs publics*, Éditions OCDE, Paris, http://dx.doi.org/10.1787/9789264289864-fr.

Plummer, M., W. Morrison et E. Steiner (2012), « Allocation of Fishery Harvests under the Magnuson-Stevens Fishery Conservation and Management Act: Principles and Practice », *NOAA Technical Memorandum NMFS-NWFSC-115*, pp. 1-99.

Reed, W. (1979), « Optimal Escapement Levels in Stochastic and Deterministic Harvesting Models », *Journal of Environmental Economics and Management*, vol. 6, pp. 350-363.

Reimer, M., J. Abbott, et J. Wilen (2014), « Unravelling the Multiple Margins of Rent Generation from Individual Transferable Quotas », *Land Economics*, Vol. 90, pp. 538-559.

Shelton, P. (2007), « The weakening role of science in the management of groundfish off the east coast of Canada », *ICES Journal of Marine Science*, Vol. 64, pp 723-729.

Skall, H.F. et N.J. Olesen (2011), *Treatment of wastewater from fish slaughterhouses*, National Veterinary Institute, Technical University of Denmark, juin.

Sumaila, U.R., W. Cheung, A. Dyck, K. Gueye, L. Huang et al. (2012), « Benefits of Rebuilding Global Marine Fisheries Outweigh Costs », *PLoS ONE*, Vol. 7, n° 7: e40542, http://dx.doi.org/10.1371/journal.pone.0040542.

Sumeth, P. (2010) « Contract Farming and Riverine Aquaculture », *Asian Labour Update,* Issue 74, janvier-mars.

Sutinen, J. et R. Johnston (2003), « Angling Management Organisations: integrating the recreational sector into fisheries management », *Marine Policy*, Vol. 27, pp. 471-487.

Ten Brink, P. et al. (2009), *Guidelines on the Use of Market-based Instruments to Address the Problem of Marine Litter*, Institute for European Environmental Policy (IEEP), Bruxelles, Belgique, et Sheavly Consultants, Virginia Beach, Virginia, États-Unis.

Weigel, J.Y. et D. de Monbrison (2013), *State of the Art of Fisheries Co-Management.* Synthesis report to the Sub-regional Fisheries Commission, Agence Française de Développement, février.

Chapitre 3

La croissance verte dans l'aquaculture

Ce chapitre met en évidence les difficultés soulevées par la croissance verte dans l'aquaculture, les politiques publiques qui peuvent être adoptées pour favoriser le maintien d'une croissance durable dans ce secteur, ainsi que les facteurs nécessaires pour un développement réussi de cette activité. L'objectif est de dégager des conseils et des bonnes pratiques pouvant servir à établir une feuille de route pour la planification de l'aquaculture à l'échelle nationale. Ce rapport s'intéresse également aux effets sur la compétitivité de l'intégration des principes de la croissance verte dans la politique publique relative à l'aquaculture.

Ce chapitre met en évidence les difficultés soulevées par la croissance verte dans l'aquaculture, les politiques publiques qui peuvent être adoptées pour favoriser le maintien d'une croissance durable dans ce secteur, ainsi que les facteurs nécessaires pour un développement réussi de cette activité. L'objectif est de dégager des conseils et des bonnes pratiques pouvant servir à établir une feuille de route pour la planification de l'aquaculture à l'échelle nationale.

L'aquaculture : histoire d'une croissance rapide occasionnant des préoccupations liées à la durabilité

L'aquaculture est l'élevage d'organismes aquatiques en zones continentales et côtières, impliquant une intervention dans le processus en vue d'en améliorer la production et la propriété individuelle ou juridique du stock en élevage (FAO, 2008). Elle concerne un large éventail d'espèces dont les poissons, les crustacés, les mollusques, les bivalves et les plantes aquatiques (algues). En 2008, la FAO a comptabilisé 310 espèces élevées, plantes aquatiques non comprises. En 2011, les pays de l'OCDE produisaient quelque 6.85 millions de tonnes (plantes aquatiques comprises), dont 36.6 % de poissons diadromes (comme le saumon), 27.8 % de mollusques, 19.8 % de plantes aquatiques, 8.8 % de poissons de mer, 4.2 % de poissons d'eau douce et 2.5 % de crustacés (source : Service de l'information et des statistiques sur les pêches et l'aquaculture de la FAO) (tableau 3.1).

Ces dernières décennies, la production aquacole a considérablement augmenté. D'après les statistiques de la FAO, elle est passée de 3.5 millions de tonnes en 1970 à près de 79 millions de tonnes en 2010 (tableau 3.2). Selon l'édition 2013 des *Perspectives agricoles de l'OCDE et de la FAO*, la production halieutique et aquacole mondiale devrait se hisser à 181 millions de tonnes en 2022 (dont 15.6 millions de tonnes de poisson destinées à la fabrication de farine et d'huile). Sur ce total, 85 millions de tonnes proviendront de l'aquaculture. Ces projections semblent plutôt prudentes si l'on considère les hausses enregistrées ces deux dernières décennies. Sur la production aquacole totale de 2010, qui s'élevait à 78.9 millions de tonnes, 72.2 millions de tonnes (soit 91.5 %) provenaient d'Asie, notamment des économies en développement de la région.

Ces quarante dernières années, les produits aquacoles dont la production a le plus augmenté sont les poissons d'eau douce, les algues, les crustacés et les mollusques. La production de poisson de mer (espèces carnivores pour la plupart) a augmenté plus modérément et ne représente aujourd'hui qu'une partie relativement peu importante du total (graphique 3.1). Le rythme moins soutenu de la production d'espèces carnivores est vraisemblablement due aux coûts des aliments et aliments composés, qui ont sensiblement augmenté du fait de la rareté de la ressource de base (farine et huile de poisson). À cet égard, l'un des principaux enjeux pour l'avenir sera d'innover afin de pouvoir substituer à la farine et à l'huile de poisson des produits obtenus sur la terre ferme. Pour expliquer la croissance relativement modeste de la production des espèces carnivores, on peut également invoquer les externalités relativement importantes et les restrictions administratives qui en découlent.

Certains pays émergents comme le Viet Nam sont de gros producteurs-exportateurs aquacoles, alors que d'autres (comme la Chine) axent essentiellement leur production sur la consommation intérieure. Cette hétérogénéité, ainsi que la rareté des données dont on dispose sur un grand nombre d'économies aquacoles, ne facilitent pas la recherche de caractéristiques communes en ce qui concerne la dimension écologique de l'aquaculture. À terme, l'application des principes de la croissance verte dans le secteur de l'aquaculture permettra une réglementation plus efficace des externalités et une meilleure compréhension des impacts à l'échelle locale ; les effets au cas par cas dépendront toutefois des systèmes de production de chaque pays, ainsi que des variables et des pratiques locales et régionales. Un certain nombre de conditions cadres permettent néanmoins une évolution réfléchie de l'aquaculture, comme nous le verrons dans la présente étude.

La production aquacole ayant fortement augmenté, des craintes se font jour quant à sa durabilité, mise à mal par les externalités environnementales, l'offre de ressources alimentaires et la concurrence pour l'espace. En Asie du Sud-Est, par exemple, de nombreuses fermes aquacoles ont été créées au mépris de la mangrove et nombre d'entre elles ont ensuite été abandonnées à cause de la pollution (Allison, 2011). Les poissons fugitifs ou la contamination des populations sauvages par les maladies des animaux élevés sont également des sources de préoccupation (Bostock et al., 2010).

Tableau 3.1. Principales espèces aquacoles dans les pays de l'OCDE

Espèces		AUS	BEL	CAN	CHL	CZE	DNK	EST	FIN	FRA	DEU	GRC	HUN	ISL	IRL	ISR	ITA	JPN	KOR	MEX	NLD	NZL	NOR	POL	PRT	SVK	ESP	SWE	TUR	GBR	USA
Plantes aquatiques	Kombu japonais																	x	x												
	Algues vertes				x													x	x												
	Algues rouges				x										x			x	x												
Crustacés	Écrevisse rouge des marais																x														x
	Crevette à pattes blanches																		x	x											x
Poissons diadromes	Anguille d'eau douce	x					x	x			x	x					x	x	x						x		x	x			
	Saumon de l'Atlantique	x		x	x		x			x		x		x	x								x				x			x	x
	Truite arc-en-ciel	x	x		x	x	x	x	x	x	x	x	x	x	x	x	x	x	x	x	x		x	x	x	x	x	x	x	x	x
	Esturgeon, spatulaire						x	x		x	x		x			x	x							x			x				x
Poissons d'eau douce	Carpe de roseau					x							x			x								x		x					
	Carpe argentée		x			x							x			x	x									x					
	Poisson-chat tacheté																			x											x
	Divers poissons d'eau douce	x	x	x		x	x	x	x	x	x	x	x		x	x	x	x			x			x		x	x	x		x	
	Tilapia et autres poissons de la famille des Cichlidés															x	x		x	x	x									x	x
Poissons d'eau de mer	Cabillaud													x									x							x	
	Limande, flétan et sole																	x	x	x			x		x						
	Turbot				x		x			x				x							x				x		x			x	
	Bar									x		x				x	x								x		x		x	x	
	Dorade royale									x		x				x	x								x		x		x		
	Divers poissons pélagiques																	x	x	x					x						x
	Thon rouge de l'Atlantique											x					x								x		x				
Mollusques	Ormeau, bigorneau, conque	x			x					x					x				x			x					x				x
	Palourde japonaise			x						x					x		x		x								x			x	x
	Moule			x	x		x			x	x	x		x	x		x		x	x	x	x	x		x		x	x	x	x	x
	Huître creuse du Pacifique	x		x	x					x	x				x		x	x	x	x		x			x		x			x	x

Source : FAO (2014), *Fishery and Aquaculture Statistics. Global production by production source 1950-2012* (FishstatJ). In : FAO, Département des pêches et de l'aquaculture [en ligne ou sur CD-ROM]. Rome. Mis à jour en 2014. http://www.fao.org/fishery/statistics/software/fishstatj/en.

Tableau 3.2. Volume et valeur de la production aquacole, 1970-2010

Volume en milliers de tonnes, valeur en millions USD

	1970	1980	1990		2000		2010	
	Volume	Volume	Volume	Valeur	Volume	Valeur	Volume	Valeur
Eau saumâtre	185	368	1 305	5 271	2 124	9 001	5 222	15 440
Eau douce	1 270	2 343	7 631	11 951	18 477	22 111	37 017	69 409
Eau de mer	2 071	4 636	7 903	9 450	21 124	19 962	36 705	40 374
Total	**3 526**	**7 347**	**16 840**	**26 272**	**41 724**	**51 073**	**78 943**	**125 224**
dont...								
Poissons d'eau douce	1 168	2 092	7 140		17 585		33 742	
Poissons de mer	51	187	318		977		1 834	
Plantes aquatiques	959	2 641	3 765		9 306		19 007	
Crustacés	10	87	755		1 691		5 725	
Mollusques	1 068	1 837	3 609		9 757		14 158	

Source : Organisation des Nations Unies pour l'alimentation et l'agriculture (2012), *FIGIS*, Rome.

Graphique 3.1. Production aquacole par type

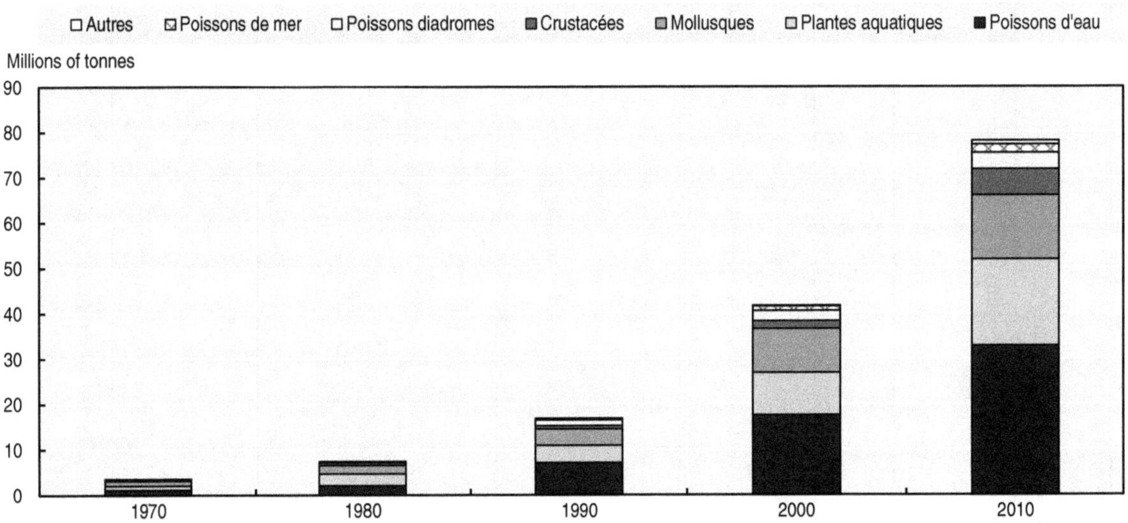

Source : Organisation des Nations Unies pour l'alimentation et l'agriculture (2012), *FIGIS*, Rome.

Les inquiétudes suscitées par les externalités négatives de l'aquaculture expliquent qu'un grand nombre de pays développés aient eu du mal à voir ce secteur se développer. Après une croissance rapide pendant les années 1980-1990, la production aquacole a stagné en Europe et en Amérique du Nord, en particulier, en grande partie à cause des réglementations restrictives concernant les sites et les intrants (Bostock et al., 2010). À quelques exceptions près, elle n'a pas enregistré de progression notable dans les économies de l'OCDE, qui représentaient 35 % de la valeur de cette production et 30 % de son volume en 1984, mais seulement 18 % et 9 %, respectivement, en 2007 (graphique 3.2).

D'un autre côté, les inquiétudes ont favorisé l'amélioration des pratiques et des technologies, laquelle s'est traduite dans de nombreux pays de l'OCDE par une aquaculture plus durable. Les progrès technologiques ont par exemple permis de perfectionner les outils de surveillance et de sélection des sites, d'utiliser des produits d'alimentation comportant moins d'ingrédients à base de poissons et entraînant moins d'émissions, et de recourir davantage aux vaccins qu'aux antibiotiques. De ce point de vue, les restrictions ou obligations réglementaires destinées à agir sur la croissance de l'aquaculture ont incité à réaliser des innovations pour apaiser les inquiétudes suscitées par les externalités de la production aquacole. À ce sujet, il faut aussi modifier le regard du consommateur sur l'aquaculture, autrement dit l'image du secteur.

Graphique 3.2. Production aquacole totale : volume et valeur

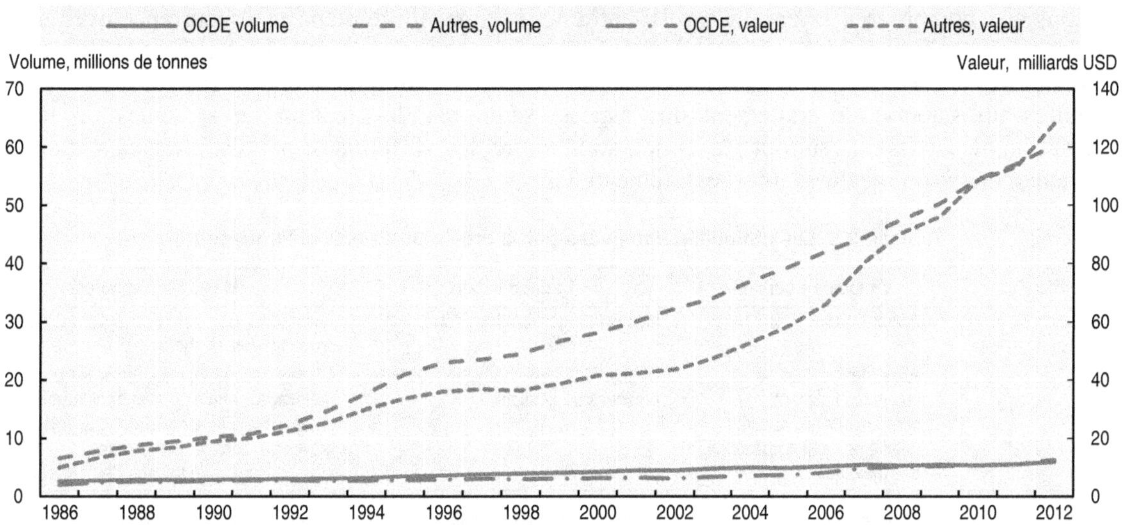

OCDE (2014), « Pêcheries : Production de l'aquaculture », *Statistiques agricoles de l'OCDE* (base de données). http://dx.doi.org/10.1787/data-00225-fr.

Concevoir un modèle de croissance verte pour l'aquaculture

Lors de l'atelier *Faire progresser le dossier de l'aquaculture : actions publiques pour un avenir durable de l'aquaculture*, organisé en avril 2010 à Paris par le COFI de l'OCDE, la France est parvenue à la conclusion que l'aquaculture pouvait contribuer pour une part importante à la croissance économique et à la sécurité alimentaire, les bonnes pratiques de gestion permettant de limiter les effets néfastes sur l'environnement et d'accroître la production alimentaire. En fait, comparée à l'élevage d'animaux terrestres, l'aquaculture possède de gros avantages (OCDE, 2010a).

Au cours des vingt dernières années, la production de l'aquaculture dans les économies membres de l'OCDE n'a que peu progressé (*Faire progresser le dossier de l'aquaculture*) (graphique 3.2). Bien que présentant des conditions également propices au développement du secteur, certains pays l'ont développé et d'autres non. Des caractéristiques identiques peuvent en outre être à l'origine de différences entre les pays membres et non membres de l'OCDE, ainsi qu'entre certains pays membres. Ces caractéristiques peuvent être liées à la gouvernance, aux technologies, à la réglementation environnementale ou à la disponibilité des ressources (par exemple, l'espace ou, plus généralement, les actifs naturels). Parallèlement, la production aquacole a connu, depuis le milieu des années 70, une hausse sensible dans les pays d'Asie du Sud-Est, dont le Viet Nam, le Cambodge, la Thaïlande, le Myanmar, l'Indonésie, la Malaisie et les Philippines. Les mesures gouvernementales telles que la mise en place d'un système de licences équilibré, la fourniture juvéniles et les incitations financières ont contribué à cette croissance, de même que l'augmentation de la demande mondiale.

Les principaux points soulevés dans les exposés présentés lors de l'« Atelier sur la croissance verte et l'aquaculture », qui s'est tenu à Yeosu (Corée) en décembre 2012, étaient les suivants : préservation de la biosécurité, utilisation et potentiel des ressources génétiques aquatiques, amélioration de la gouvernance, respect des normes internationales et interaction avec d'autres activités économiques. Les discussions ont permis de synthétiser et de mettre en relief trois grands thèmes : recherche, coopération internationale et participation de l'ensemble des parties prenantes. D'autres points importants ont également été soulignés : aménagement de l'espace, certification et besoin d'innovation institutionnelle. Les participants ont estimé que la croissance verte était faisable et souhaitable dans l'aquaculture, et qu'il fallait prévoir sa mise en œuvre continue dans les cadres et les stratégies de développement du secteur, et plus particulièrement dans les plans de développement national.

Affronter les risques suscités par les externalités liées à l'aquaculture

La croissance durable de l'aquaculture n'est possible que si le secteur continue de rechercher des solutions aux nombreuses externalités qu'il entraîne. L'aquaculture étant en concurrence avec d'autres secteurs pour l'utilisation de l'espace – à des fins commerciales ou récréatives –, son évolution vers la croissance verte doit passer par l'aménagement de l'espace (y compris le règlement des différends avec les autres utilisateurs), le traitement des aspects sanitaires, la création de systèmes de licences, l'attribution des sites et, surtout, la coopération entre les différentes parties prenantes du secteur (producteurs, consommateurs, autorités) (tableau 3.3).

Tableau 3.3. Les difficultés soulevées par la croissance verte et l'aquaculture

Difficultés	Variables à surveiller	Cadre d'action	Mesures (exemples)
Ressources alimentaires	Alimentation	Innovation, gestion des pêches	Utilisation de céréales et de légumes, recyclage des déchets
Rejets	Alimentation, ratio de conversion alimentaire, composants alimentaires, qualité de l'eau, localisation des élevages	Réglementations, innovation, bonnes pratiques de gestion	Quotas d'aliments, mise en jachère, nettoyage, permis de rejet transférables, taxes, aquaculture multitrophique intégrée, recyclage, zonage, surveillance environnementale, traçage de l'alimentation
Maladies	Densité, température	Réglementations, innovation, bonnes pratiques de gestion	Distance entre les exploitations, vaccins, limitation du recours aux antibiotiques, mise en jachère, zonage, suivi environnemental, protocole de filtrage, calendrier des cultures
Fugitifs	Tempêtes, accidents, génétique, prédateurs	Réglementations, bonnes pratiques de gestion, innovation	Consolidation des cages, stérilisation, rémunération des pêcheurs locaux pour attraper les fugitifs, utilisation d'espèces indigènes, modèles d'impact génétique
Espace	Conflits entre les utilisateurs/utilisations	Gestion des océans/zones côtières, réglementations	Espaces réservés (zonage), aménagement de l'espace
Sécurité des aliments	Présence de substances toxiques, de médicaments ou de rejets environnementaux dans les produits	Réglementations, bonnes pratiques de gestion, capacités de contrôle	Mise en place de zones agréées pour le développement de l'aquaculture, mesures de contrôle, système d'échantillonnage et de certification
Développement régional	Plan d'aménagement	Permis et zonage, agréments environnementaux, aides à l'investissement, gestion des océans/zones côtières	Mise en place de zones agréées pour le développement de l'aquaculture
Contribution au PIB	Croissance du secteur, commercialisation des produits	Marketing et publicité, recherche et développement, investissements dans l'infrastructure	Soutien aux systèmes de certification privés, simplification du processus de délivrance des permis
Développement	Capitaux, compétences	Éducation et formation, normes professionnelles	Formation continue pour les populations locales
Consommation énergétique	Alimentation, électricité	Réglementations, innovation, bonnes pratiques de gestion	Utilisation de céréales et de légumes, recyclage des déchets, taxes, association avec des éoliennes, transferts de technologies
Image du secteur et acceptation par le grand public	Diffusion d'informations fiables reposant sur des données scientifiques	Sensibilisation et éducation	Travail avec la presse et les ONG, diffusion d'informations sur les sites web, certification, étiquetage.

Source : OCDE (2011a), *Vers une croissance verte – Rapport de synthèse sur la Stratégie pour une croissance verte*, document interne de l'OCDE, Paris.

Dans le domaine de l'aquaculture, une stratégie de croissance verte doit s'attacher à maintenir le niveau d'expansion du secteur tout en réduisant les retombées négatives de l'activité et la pression qu'elle exerce sur les ressources naturelles. Ces externalités sont fonction :

- Des espèces cultivées ou élevées (les algues posent essentiellement le problème de la concurrence pour l'espace ; les moules ont des externalités positives, car elles absorbent les excédents de nutriments ; les espèces carnivores comme le saumon et les crevettes sont source de rejets azotés) ;
- De la méthode employée par l'aquaculteur (élevage intensif ou extensif, cages, recirculation, élevage en bassin ou en mer), sachant que les systèmes de recirculation sur la terre ferme entraînent moins de rejets, mais sont relativement gourmands en énergie ;
- Du degré d'intervention humaine (lutte contre les maladies au moyen de produits médicaux, quantité d'aliments utilisée, par exemple).

Les politiques relatives à l'aquaculture devraient être élaborées en fonction des externalités propres aux espèces produites et au système de production. Les impacts de l'élevage de poissons carnivores dans les systèmes en circuit recirculé peuvent par exemple être contenus plus facilement que ceux de l'élevage en mer.

Pour déterminer la meilleure réponse, il faut savoir qui subit l'impact des externalités imputables à la production aquacole :

- lorsque les externalités touchent l'aquaculteur lui-même (par exemple, une pollution des eaux locales nuit à la productivité), la réponse sera fonction des intérêts personnels en jeu ;
- lorsqu'elles touchent d'autres élevages (apparition d'une maladie, par exemple), la réponse peut être conjointement apportée par une association représentant le secteur et des mesures réglementaires prises par les pouvoirs publics ;
- lorsqu'elles touchent d'autres secteurs de l'économie ou l'environnement (par exemple, conflits d'ordre esthétique avec le tourisme), des mesures réglementaires publiques peuvent s'avérer nécessaires.

Pour les organes publics de réglementation, la difficulté consiste à trouver le bon degré d'intervention (encadré 3.1). Le secteur a tout intérêt à réagir aux externalités, car lorsqu'elles sont négatives, elles peuvent nuire à la rentabilité et à la demande sur le long terme (Asche, 2011). Les systèmes de certification tels que les normes de la Global Aquaculture Alliance sur les meilleures pratiques aquacoles ou le programme de certification de l'Aquaculture Stewardship Council peuvent aider les aquaculteurs à adopter les meilleures pratiques et à commercialiser leurs produits en mettant en avant le fait que leur production respecte l'environnement. Les systèmes de certification peuvent influencer la perception qu'ont les consommateurs de l'aquaculture et contribuer à améliorer l'image du secteur. Pour les décideurs, il s'agit de faire en sorte que la contribution économique du secteur puisse continuer d'augmenter et, parallèlement, de minimiser ses retombées négatives sur l'environnement. Pour parvenir à cet équilibre, la réglementation a plusieurs rôles à jouer. Elle doit stimuler l'investissement, encourager la croissance économique, réduire le risque systémique, et permettre des améliorations environnementales, une hausse de la richesse et une amélioration globale de la qualité de vie. Les instruments permettant de remédier aux externalités sont de deux types : ceux fondés sur les mécanismes du marché et ceux qui ne le sont pas (tableau 3.4).

Encadré 3.1. Réglementation optimale de l'aquaculture

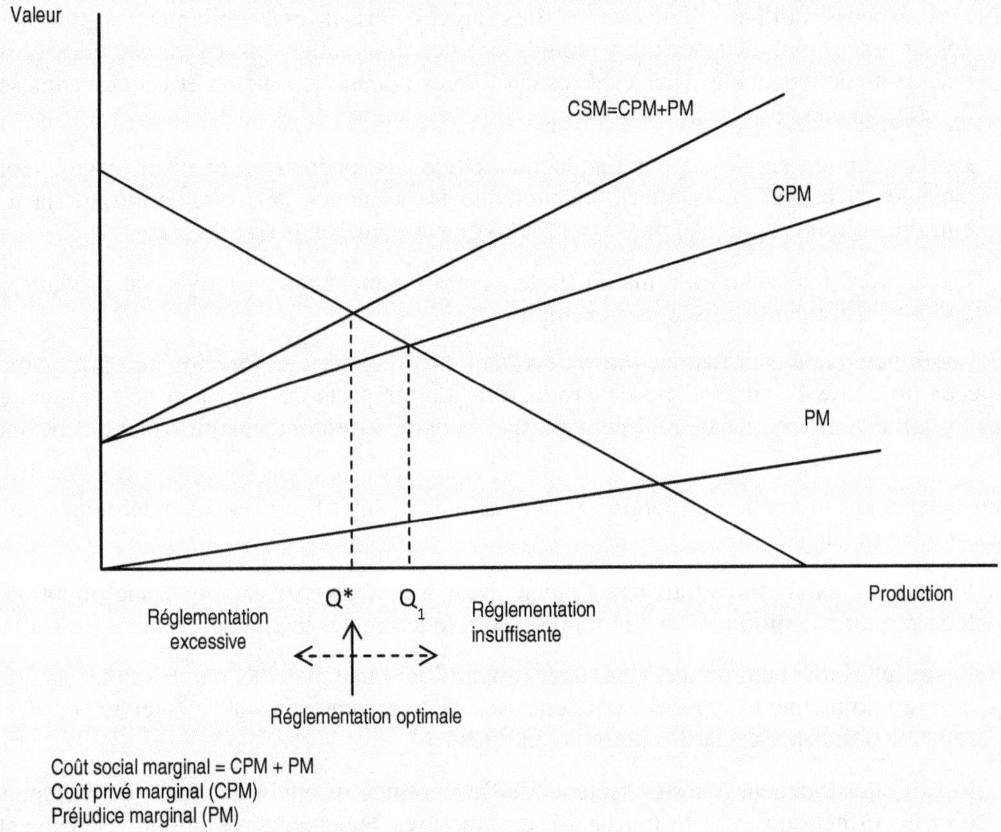

Ce schéma illustre le rapport entre le coût privé marginal (CPM), c'est-à-dire le coût additionnel induit par la production d'une unité supplémentaire, et le niveau de production. Un bénéfice marginal (BM) est retiré de chaque unité supplémentaire produite. Le préjudice marginal (PM) est le préjudice induit par la pollution imputable à la production de chaque unité supplémentaire. La pente de la courbe PM est ascendante, ce qui indique que chaque nouvelle unité de pollution est plus nuisible que la précédente. Le coût social marginal (CSM) est la somme de CPM et PM. Il représente donc le coût total, pour la société, de l'existence de la production, notamment les coûts de production et le coût des dommages causés par la production à d'autres parties de la société.

Sur un marché non réglementé, le niveau optimal de production et le niveau optimal de pollution correspondant se situerait à Q1, niveau où les bénéfices marginaux sont égaux aux coûts de production marginaux. Mais, dans une situation où la pollution est réglementée, les préjudices environnementaux sont pris en compte dans le calcul du niveau optimal de production. Dans ce cas, le niveau optimal de production (Q*) se situe là où les coûts sociaux marginaux sont égaux aux bénéfices marginaux. Les réglementations qui laissent la production dépasser le niveau Q* sont trop permissives car elles acceptent que les coûts sociaux marginaux soient supérieurs aux bénéfices. À l'inverse, celles qui maintiennent la production au-dessous du niveau Q* (avec des bénéfices marginaux supérieurs aux coûts sociaux) sont plus strictes que nécessaire.

Source : Nielsen, R. (2012), Barriers to Sustainable Growth in the Aquaculture Sector: an Economic Analysis, Thèse de doctorat, Université de Copenhague, Danemark.

Tableau 3.4. Instruments d'action pour remédier aux externalités

	Instruments fondés sur les mécanismes du marché		
	Avantages	**Inconvénients**	**Conditions propices à l'utilisation**
Système de plafonnement et d'échange	Tendance à l'égalisation des coûts de réduction des émissions.	Coûts de mise en place élevés.	Les coûts de suivi et d'information ne sont pas les principales raisons du dysfonctionnement du marché du bien public concerné.
	Incitations permanentes à innover.	Courbe d'apprentissage abrupte.	Les capacités institutionnelles (expérience) et la taille du marché sont suffisantes.
	Certitude quant au niveau des émissions.	Les coûts n'incitent guère à son adoption.	Les atteintes à l'environnement sont liées à la quantité totale des émissions polluantes, et non à l'endroit ou au moment où ces émissions ont lieu.
	Peut procurer des recettes.	Risque d'instabilité des prix.	Les émissions peuvent être contrôlées avec précision pour un coût raisonnable.
	Une fois en place, l'instrument sera défendu par les parties prenantes.	Problème de la compétitivité et de la distribution des revenus.	Les retombées transfrontières sont importantes.
Taxes ou redevances sur la pollution ou l'exploitation des ressources naturelles	Tendance à l'égalisation des coûts de réduction des émissions.	Coûts de suivi potentiellement élevés.	Les coûts de suivi et d'information ne sont pas les principales raisons du dysfonctionnement du marché du bien public concerné.
	Peut procurer des recettes.	Les coûts n'incitent guère à leur adoption.	Les sources de pollution sont diffuses et de faible ampleur.
	Incitations permanentes à innover.	Incertitude quant au niveau des émissions.	Les atteintes à l'environnement sont liées à la quantité totale des émissions polluantes, et non à l'endroit ou au moment où ces émissions ont lieu.
	Mise en œuvre par l'intermédiaire des institutions existantes.	Problème de la compétitivité et de la répartition des revenus.	Les variations temporaires du niveau des émissions ont peu d'incidence sur l'environnement.
			Les émissions peuvent être contrôlées avec précision pour un coût raisonnable.
Taxes ou redevances sur une variable représentative (intrant ou produit)	Mise en œuvre par l'intermédiaire des institutions existantes.	Par rapport aux redevances prélevées à la source, moins d'efficience statique et dynamique.	Les rejets polluants directs sont difficiles ou coûteux à contrôler.
	Coûts de suivi plus faibles que les permis ou les taxes directes.		Il existe un lien étroit et stable entre le polluant ciblé et l'intrant ou l'extrant utilisé comme variable représentative.
			L'intrant ou l'extrant utilisé peut être associé à plusieurs polluants.
Subventions	Plus faciles à faire adopter et respecter que les permis/taxes.	Coûts budgétaires potentiellement élevés.	Les autres instruments de détermination des prix sont difficiles ou très coûteux à faire appliquer.
		Risque de mobilisation de ressources excessives.	L'activité subventionnée offre une vraie solution de rechange à l'activité polluante ciblée.
		Incertitude quant au niveau des émissions.	Le programme de subventions peut être conçu assez facilement, être limité dans le temps et avoir peu d'effets secondaires.
Normes de résultat contraignantes	Laissent une certaine souplesse pour trouver la solution la moins onéreuse.	Pas de tendance naturelle à égaliser les coûts marginaux.	Le contrôle de la pollution au niveau des sources d'émissions est irréalisable ou très onéreux.
	Plus faciles à faire adopter et respecter que les mesures de tarification.	Coûts administratifs potentiellement élevés.	Pas de variable représentative pouvant être taxée à la place du polluant.
	Certitude quant au niveau des émissions.	Davantage d'informations requises que pour les permis et les taxes.	Faible réaction des acteurs aux signaux de prix.
			Les émissions polluantes peuvent être mesurées avec des moyens technologiques.

Tableau 3.4. Instruments d'action pour remédier aux externalités *(suite)*

	Instruments fondés sur les mécanismes du marché		
	Avantages	**Inconvénients**	**Conditions propices à l'utilisation**
Normes techno-logiques contraignan-tes	Plus faciles à faire adopter et respecter que les mesures de tarification. Faibles coûts de surveillance. Certitude quant au niveau des émissions.	Pas de latitude pour rechercher des solutions moins coûteuses. Pas faciles à adapter en fonction des nouvelles informations relatives aux avantages et aux inconvénients. Pas d'incitation à l'innovation.	Le contrôle de la pollution au niveau des sources d'émissions est irréalisable ou très onéreux. Pas de variable représentative pouvant être taxée à la place du polluant. Le coût administratif des normes de résultat est trop élevé. Les coûts de réduction de la pollution sont relativement homogènes d'un acteur à l'autre.
Politiques de soutien actif des technologies vertes	Faciles à faire adopter et respecter. Forte incitation à investir dans la R-D sur les nouvelles technologies.	Ne ciblent pas directement les externalités. Coûts potentiellement élevés/Incertitude quant au niveau des émissions.	Domaines technologiques dans lesquels la taille du marché et l'apprentissage par la pratique ont une importance prépondérante. Infrastructures dans des domaines où la notion de réseau est importante.
Approches volontaires	Contribution à la collecte et à la diffusion d'informations sur les avantages et les inconvénients. Faciles à faire adopter.	Pas de mécanisme intrinsèque permettant d'encourager l'adoption des solutions les moins coûteuses. Incertitude quant aux résultats, risque de collusion entre les participants.	Capacité des autorités à exercer de fortes pressions (menace crédible de sanctions). Les informations sont relativement peu coûteuses à fournir.

Source : de Serres, A., F. Murtin et G. Nicoletti (2010), « A Framework for Assessing Green Growth Policies », Documents de travail du Département des affaires économiques n° 774, http://dx.doi.org/10.1787/5kmfj2xvcmkf-en.

Dans l'optique de corriger les externalités et de promouvoir la croissance verte, les instruments fondés sur les mécanismes du marché s'appuient principalement sur les signaux de prix conçus pour trouver un équilibre entre les coûts et les avantages – privés et collectifs – des activités économiques menées par le secteur privé. Cela inclut des taxes, des redevances, des permis négociables et des subventions. À l'opposé, les instruments non économiques n'utilisent pas des signaux de prix pour remédier aux externalités, mais des réglementations environnementales directes (par exemple, normes technologiques, normes de résultat et interdiction de certaines activités), des politiques de soutien actif des technologies vertes et des approches volontaires, notamment axées sur la communication d'informations.

En principe, les instruments fondés sur les mécanismes du marché incitent avec souplesse les opérateurs du secteur à rechercher les procédés les moins coûteux pour atteindre les objectifs environnementaux ; ils présentent donc un meilleur rapport coût-efficacité que les instruments non économiques. Ces derniers ne sont généralement pas satisfaisants sur le plan de la rentabilité, car ils ne comportent pas de mécanisme pour atteindre les objectifs environnementaux au moindre coût. Il existe, malgré tout, des cas dans lesquels ces instruments sont plus rentables ou plus appropriés que les instruments fondés sur les mécanismes du marché, comme :

- lorsque les coûts de suivi et de mise en œuvre sont élevés et qu'il existe de gros problèmes d'information ;
- lorsque les émissions sont impossibles à observer ou difficiles à enregistrer et qu'il n'existe pas de variable de substitution appropriée ;
- lorsque les ressources ou les environnements pouvant être touchés par les externalités sont trop importants ou trop sensibles pour que l'on puisse s'éloigner temporairement des objectifs de la politique publique ;

- lorsque les informations manquent et qu'il est coûteux de se les procurer, d'où une faible réactivité aux signaux de prix.

Les instruments les plus appropriés varient selon les pays, les aspects environnementaux, les caractéristiques des régions, la nature et l'ampleur des principaux dysfonctionnements du marché, les capacités institutionnelles du pays, etc. Dès lors que plusieurs dysfonctionnements sont en interaction les uns avec les autres, une combinaison de différents instruments est généralement recommandée. Le tableau 3.4 présente les principales caractéristiques des instruments utilisables pour corriger les externalités.

Rejets

Les activités du secteur aquacole ont des interactions avec l'environnement dans lequel elles ont lieu. À mesure que l'aquaculture s'étend et s'intensifie, les rejets de matières organiques, d'azote et de phosphore risquent de provoquer des dégradations de l'environnement local. C'est l'une des principales critiques adressées au secteur, qui explique que de nombreux pays aient instauré des restrictions pour limiter son développement. L'utilisation d'antibiotiques est un autre sujet de préoccupation, en raison des préjudices pouvant être causés à l'être humain et à l'environnement lorsque ces substances se retrouvent dans l'eau et sont absorbées par d'autres espèces aquatiques.

Un certain pourcentage des produits utilisés pour alimenter les espèces d'élevage se diffuse dans les colonnes d'eau environnantes ou s'accumule dans le fond. Idem pour les excréments des poissons d'élevage. On peut ainsi retrouver dans le milieu environnant plus de nutriments qu'il ne peut en assimiler. Une mauvaise qualité de l'eau, une eutrophisation ou des zones mortes risquent donc d'apparaître. L'eutrophisation peut entraîner une diminution de l'oxygène dissous et la création de zones hypoxiques ou mortes pouvant se traduire par une mortalité massive, un développement excessif du phytoplancton et la prolifération des macroalgues. Ce dernier aspect peut empêcher la pénétration de la lumière et être préjudiciable à la végétation aquatique submergée, ou entraîner le foisonnement d'algues nocives pouvant provoquer une mortalité de grande ampleur et réduire la biodiversité, du fait de la modification des nutriments présents dans l'eau (Selman et al., 2008).

Pour gérer les rejets provenant des élevages aquacoles, un grand nombre de pays ont instauré des mesures contraignantes comme une quantité maximale autorisée de rejets. Au Danemark, par exemple, des réglementations environnementales strictes ont été adoptées pour maîtriser la pollution de l'eau causée par l'aquaculture : contingentement de l'alimentation, application d'une norme statistique à l'azote, au phosphore et aux matières organiques, concentration minimum d'oxygène dans l'eau d'évacuation et limitation de l'alimentation en eau (Jarlbæk et Børrensen, 2012). Les mesures d'incitation telles que les permis de rejet transférables, les taxes et les subventions offrent quant à elles de la souplesse et incitent davantage à innover. En février 2012, le ministère danois de l'Environnement a adopté un nouveau texte qui autorise les aquaculteurs à opter volontairement pour une réglementation relative aux rejets d'azote plutôt que pour des quotas sur l'alimentation.

La mise en jachère, le nettoyage et l'aquaculture multitrophique intégrée – telle que l'élevage combiné des poissons et de filtreurs (la moule ou le concombre de mer, par exemple) avec des plantes aquatiques (comme les algues et le varech) – sont d'autres possibilités. Les algues et les mollusques ne se contentent pas d'absorber les rejets, nutriments et particules présents dans la colonne d'eau (notamment ceux provenant de l'aquaculture) : ils en convertissent une grande partie pour former leurs propres tissus (encadré 3.2).

De manière générale, l'élevage d'espèces aquatiques ne libère pas autant de nutriments que celui des animaux terrestres (à l'exception du poulet). Les mollusques bivalves absorbent l'azote et le phosphore présents dans la colonne d'eau (tableau 3.5) et peuvent même être utilisés pour atténuer ou empêcher la dégradation de l'environnement.

Dans différents contextes, le phosphore et les boues résultant de la production aquacole peuvent être des ressources très utiles. Leur collecte et leur recyclage ouvrent d'ailleurs la voie au développement de nouvelles technologies et de nouvelles réglementations (Conseil nordique, 2012). Ces substances peuvent par exemple être utilisées pour fabriquer du compost.

Le choix du site de production est souvent la clé pour réduire ou supprimer totalement les effets négatifs des rejets. Il suffit souvent de déplacer l'activité vers un site où l'eau est plus profonde et le courant plus fort pour atténuer sensiblement les impacts, comme cela a été le cas en Turquie (encadré 3.3). L'utilisation d'outils de modélisation peut faciliter les décisions concernant la localisation des installations aquacoles.

Encadré 3.2. Élevage de mollusques filtreurs

Les poissons d'eau douce, les plantes aquatiques et les mollusques représentent depuis 1970 plus de 80 % de la production aquacole mondiale. L'élevage de mollusques filtreurs a considérablement augmenté au cours de la même période et représentait en 2010 quelque 94 % de la production mondiale de mollusques. Cet élevage a suscité un intérêt particulier de la part des universitaires et des responsables de l'action publique en raison des avantages environnementaux, mais aussi sociaux et économiques, qu'il présente.

De manière générale, les mollusques n'ont pas besoin, dans le contexte de l'aquaculture, de recevoir une alimentation, car, contrairement aux autres espèces aquacoles, ils appartiennent à la catégorie des consommateurs primaires. Ils se nourrissent donc – tout en les filtrant – d'azote et de substances (organiques ou non) présents dans la colonne d'eau. Ils contribuent de ce fait, en réduisant les signes d'eutrophisation, en augmentant la pénétration de la lumière et en enrichissant l'eau en oxygène, à l'amélioration de la qualité de l'eau et de l'habitat et à la reconstitution des stocks. Leur élevage présente en outre des avantages sociaux et économiques puisqu'il permet de nourrir les populations, de créer des emplois et de réduire la pauvreté.

Ferreira et al. (2009) ont réalisé une simulation des avantages procurés par l'élevage de mollusques filtreurs en Europe dans cinq exploitations de l'UE (Écosse, France, Slovénie, Italie et Portugal) spécialisées dans quatre grandes espèces (moule bleue, moule méditerranéenne, huître creuse du Pacifique et palourde japonaise). Selon cette étude, les élevages européens de mollusques absorbent 55 000 tonnes d'azote par an, soit l'équivalent de ce qu'émettent 17 millions de personnes. Une autre étude effectuée dans un élevage de moules de la côte ouest de la Suède (Lindahl et al., 2005) montre que cette activité peut être un mode de gestion de l'environnement stratégique et novateur permettant de recycler les nutriments de la mer vers la terre. Dans cette région, un hectare d'élevage de moules en suspension sur des filières peut consommer l'équivalent de 20 hectares de production annuelle de phytoplancton et produire quelque 300 tonnes de moules en 12 à 18 mois (Lindahl et Kollberg, 2009). D'autre part, un kilo de moules fraîches produites dans cette région assimilerait entre 8.5 et 12 g d'azote, 0.6 et 0.8 g de phosphore et 40 et 50 g de carbone (Lutz, 1980 ; Peterson et Loo, 2004). Les moules ayant absorbé les nutriments excédentaires peuvent être utilisées pour la consommation humaine, comme engrais en agriculture ou comme aliments pour le bétail. La valeur de l'absorption des nutriments par la mytiliculture a été estimée en comparant simplement le coût de cette opération avec celui d'autres mesures de lutte contre la pollution (Lindahl, 2005) et en tenant compte des économies réalisées grâce au remplacement de ces autres mesures (amélioration des pratiques agricoles, amélioration du traitement des eaux usées, et utilisation des zones humides) (Gren et al, 2009). Bien que les coûts marginaux estimés aient été très variables selon le taux de croissance des moules et le marché des moules produites, ils étaient plus faibles dans la mytiliculture (de l'ordre de 2 à 11 %) qu'avec de nombreux autres dispositifs d'absorption mis en place dans la région (Gren et al, 2009). On estime qu'en milieu rural, un individu émet de 3.5 à 4 kg d'azote par an (Anonyme, 2003), ce qui signifie qu'il faut, pour absorber cet azote, produire chaque année 350 à 400 kg de moules. Ces données peuvent être utilisées pour concevoir un système d'indemnisation à l'intention des mytiliculteurs.

L'élevage de mollusques dans le cadre d'une aquaculture multitrophique intégrée (AMI) peut s'avérer plus avantageux que la monoculture. Les résultats obtenus dans un élevage d'huîtres de 3.2 hectares combiné à un élevage de poissons selon le concept FARM (Farm Aquaculture Resource Management) dans la baie de Sanggou, au nord-est de la Chine, montrent que l'absorption d'azote est sept fois supérieure et la production d'huîtres trente fois supérieure à ce que permet la monoculture (Ferreira et al., 2011).

Malgré ces avantages, l'élevage de mollusques a été critiqué pour ses externalités négatives telles que l'eutrophisation liée au dépôt de matières biologiques sur les sédiments ou à la dégradation de ces derniers. Burkholder et Shumway (2011) ont toutefois constaté, suite à l'observation de 62 écosystèmes, que quatre d'entre eux seulement étaient endommagés globalement et durablement par l'élevage de mollusques bivalves, alors que les 58 autres n'en subissaient que des effets minimes ou localisés. Les externalités négatives précitées apparaissent principalement dans les élevages intensifs pratiqués dans des zones où l'évacuation de l'eau se fait mal, ou lorsque la récolte a lieu mécaniquement.

De manière générale, les effets négatifs de l'élevage de mollusques sont un phénomène local à caractère exceptionnel ou négligeable si on les compare avec les rejets considérables de nutriments dus aux activités terrestres et avec les énormes avantages que procure cette activité (Burkholder et Shumway, 2011).

Source : Shumway, S.E. (Ed.) (2011), *Shellfish Aquaculture and the Environment,* Wiley-Blackwell, Singapour.

Le message important qui se dégage de cette situation est que des solutions existent, même si elles sont parfois onéreuses ou difficiles à mettre en œuvre. Pour citer un exemple, les systèmes fonctionnant en circuit fermé avec recyclage de l'eau permettent de mettre fin aux rejets localement et empêchent les animaux de fuir, même s'ils entraînent tout de même des rejets qui ont besoin d'être éliminés (généralement sur la terre ferme). De leur côté, les systèmes de production extensive peuvent, dans un contexte d'aquaculture multitrophique, recycler les nutriments. Enfin, la détermination pour chaque type de rejet d'un taux maximal autorisé, ainsi que la création de permis d'émission transférables entre les exploitations et entre les secteurs sont des solutions possibles pour allouer plus efficacement les ressources.

Tableau 3.5. Comparaison des indicateurs de durabilité de plusieurs systèmes de production de protéines animales

	Conversion alimentaire (kg d'aliments/ kg de produit comestible)	Efficacité protéique (%)	Émissions d'azote (kg/tonne de protéines produites)	Émissions de phosphore (kg/tonne de protéines produites)	Rendement (tonnes de produit comestible /ha)	Consommation d'eau douce (m3/tonne)
Viande bovine	31.7	5	1 200	180	0.24-0.37	15 497
Viande porcine	4.2	25	800	40	1.0-1.20	3 918
Poulet	10.7	13	300	120	0.83-1.10	4 856
Poissons (moyenne)	2.3	30	360	48	0.15-3.70	5 000
Bivalves	Pas d'alimen-tation	Pas d'alimen-tation	-27	-29	0.28-20.00	0

Source : Phillips, Beverige et Clarke 1991 ; FAO, 2003 ; Hall et al., 2011 ; Bouman et al., 2013 (repris de Notes, juin 2013, Banque mondiale).

Encadré 3.3. Résoudre les conflits sur site : le cas de la Turquie

En Turquie, l'aquaculture a connu un développement rapide et a été soumise à une forte pression en raison de ses effets néfastes sur l'environnement ainsi que de la pollution visuelle et olfactive qu'elle engendrait et qui portait préjudice au tourisme. L'élevage en cage, qui était jusqu'en 2006 pratiqué uniquement près des côtes, faisait l'objet de vives critiques.

En janvier 2007, le ministère de l'Environnement a diffusé un communiqué stipulant que l'élevage en cage devait être pratiqué sur des sites satisfaisant aux exigences suivantes : profondeur d'eau d'au moins 30 mètres, distance de la côte d'au moins 0.6 mile nautique, et vitesse du courant d'au moins 0.1 m/s. Le même communiqué donnait une classification des sites où les exploitations pouvaient être installées en fonction du critère de l'eutrophisation. Toutes les exploitations qui étaient implantées près des côtes ont alors été déplacées vers les sites en question. Au cours de cette période, trois provinces dans lesquelles l'aquaculture était une activité courante ont été répertoriées comme zones potentielles d'aquaculture, et des exploitations y ont été déplacées.

Le déplacement des exploitations a permis de résoudre les problèmes à court et moyen terme. Néanmoins, compte tenu des investissements importants nécessaires, de nombreuses exploitations manquant de capital ont été rachetées par de grandes entreprises.

Fugitifs

L'impact environnemental des fugitifs est un problème important dans le secteur de l'aquaculture, en particulier lorsque l'élevage se pratique dans des cages. L'interaction entre le poisson sauvage et le poisson d'élevage peut entraîner une pollution du patrimoine génétique des espèces sauvages et réduire leur capacité de survie. Les fugitifs peuvent aussi entrer en concurrence avec les espèces sauvages pour la recherche de nourriture, ou devenir les espèces dominantes et nuire à la biodiversité. Lorsque le poisson d'élevage n'appartient pas à une espèce indigène du lieu de production, le fugitif devient une espèce envahissante qui risque de perturber l'écosystème. Les fugitifs peuvent aussi propager des maladies ou des agents pathogènes au sein des populations de poissons sauvages.

Il n'existe pas de données fiables ni exhaustives sur les fugitifs à l'échelle mondiale. La Norvège en recueille cependant beaucoup. Selon l'étude de Fredheim et al. (2010), on compte dans ce pays plus de 325 millions de spécimens de saumon de l'Atlantique élevés dans des cages immergées en mer, ce qui dépasse de loin la population des saumons sauvages (environ 1 million d'individus). Le taux de fugitifs représentant une faible part de la production totale (entre 0.1 et 0.3 %), les éleveurs ne sont pas nécessairement incités à prendre des mesures de prévention. Or, les fugitifs peuvent avoir des coûts indirects sur le secteur et sur la société, car ils donnent une mauvaise image de l'aquaculture et peuvent porter atteinte aux écosystèmes (Fredheim et al., 2010). A la suite des réformes réglementaires qui ont été menées au Chili ces dernières années, des progrès ont été relevés en matière à la fois de prévention et de résolution des problèmes. La question des fugitifs a été traitée, en l'occurrence, via la réglementation de la sécurité des structures d'élevage.

Les données relatives à l'élevage du saumon dans des cages en Norvège montrent que les causes à l'origine des évasions sont les suivantes : défaillances structurelles du matériel (68 % des poissons fugitifs), erreurs d'exploitation (8 %), facteurs biologiques (17 %) et facteurs extérieurs (8 %) ; ces causes varient en outre selon les espèces (Jensen et al., 2010). Bien que les défaillances structurelles soient peu fréquentes, elles ont tendance à se traduire par un nombre élevé d'évasions. À l'opposé, les erreurs d'exploitation sont plus fréquentes, mais elles en provoquent moins. Il est donc clair que, pour prévenir les évasions, il faut trouver une solution aux défaillances structurelles (Fredheim et al., 2010).

La Norvège a mis en place en 2004 une norme technique sur les élevages de poisson de mer, ainsi que des réglementations concernant la conception, le dimensionnement, la production, l'installation et le fonctionnement (Fredheim et al., 2010). En 2011, ces réglementations ont été renforcées. Le gouvernement norvégien a en outre défini le nombre maximal de poissons pouvant être contenus dans chaque enclos. Ensemble, ces deux dispositions ont effectivement réduit le risque global d'évasions, à la fois en valeur absolue et en pourcentage de poissons contenus dans les cages.

L'expérience de la Norvège nous fournit quelques enseignements concernant les mesures à mettre en œuvre (Jensen et al., 2010 ; Fredheim et al., 2010), à savoir :

- mise en place d'un système de notification obligatoire de l'ensemble des fugitifs ;
- mise en place, à partir de la notification obligatoire, d'un système de collecte, d'analyse et de bilan ;
- réalisation d'évaluations techniques obligatoires sur la cause des taux élevés d'évasions ;
- instauration d'une norme technique concernant les cages utilisées dans l'aquaculture ;
- organisation d'une formation obligatoire pour le personnel des exploitations aquacoles ;
- rémunération des pêcheurs locaux pour qu'ils attrapent les fugitifs ;
- réalisation de travaux de R-D pour améliorer le matériel, la stérilisation et la compréhension du comportement des espèces.

La distance génétique entre les populations sauvages et d'élevage est essentiel pour limiter les éventuels impacts génétiques, de même que la taille de la population sauvage. La modélisation de ces impacts peut permettre aux responsables des exploitations aquacoles de sélectionner les stratégies adaptées, comme c'est le cas actuellement aux États-Unis et dans l'Union européenne.

Maladies et parasites

Les exploitations aquacoles sont susceptibles de transmettre à des zones de production voisines et aux espèces sauvages des maladies et des parasites d'origine locale ou non (citons le cas de l'anémie infectieuse du saumon, au Chili), par l'intermédiaire du commerce des œufs et des juvéniles, des équipements, des contacts entre poissons ou des courants, par exemple. Cette contamination entraîne souvent une baisse de la production ; elle peut parfois être à l'origine de lourdes pertes financières et menacer la survie des populations de poissons sauvages.

Encadré 3.4. La reprise du secteur du saumon au Chili

Pendant trente ans, l'élevage du saumon au Chili a connu un succès remarquable, tant sur le plan technique que commercial. Le pays est aujourd'hui le deuxième producteur au monde. Le cadre réglementaire mis en place n'a cependant pas permis de gérer correctement les risques biologiques et les problèmes sociaux, économiques et environnementaux. Le secteur a mis l'accent sur la production, les ventes et les bénéfices économiques au sens large pouvant être retirés de la croissance de l'aquaculture.

Lorsque le virus de l'anémie infectieuse du saumon (AIS) s'est propagé en 2007, la capacité de réaction du secteur s'est révélée insuffisante, faute d'un cadre réglementaire solide. La production a été durement touchée, accusant une chute de 67 % (de 376 476 tonnes en 2006 à 123 233 tonnes en 2010) ; le nombre d'élevages de saumon de l'Atlantique en activité a par ailleurs considérablement baissé (de 375 en 2007 à 66 en 2009), et 50 % des emplois directs et indirects ont été perdus (quelque 25 000 licenciements).

Les principales raisons de l'épidémie d'AIS étaient les suivantes : la forte concentration des exploitations sur un périmètre limité, l'absence de programme de gestion des zones, l'insuffisance du contrôle sanitaire des exploitations, la grande densité d'élevage dans les exploitations et le manque de transparence du secteur.

Un partenariat public-privé s'est rapidement mis en place et des mesures élémentaires de lutte contre les maladies infectieuses ont été prises pour accroître la biosécurité dans les exploitations : elles incluaient notamment une assurance qualité des laboratoires de diagnostic ainsi qu'une notification obligatoire des résultats. Parallèlement, une collaboration s'est instaurée entre les pouvoirs publics, les institutions financières et l'aquaculture pour financer le secteur et lui permettre de poursuivre ses activités. De nouvelles lois et réglementations ont été mises en œuvre pour faciliter la reprise du secteur sur le long terme.

Les mesures adoptées depuis lors sont notamment l'aménagement de l'espace afin de permettre la mise en jachère périodique et la relocalisation des sites d'exploitation, les réglementations visant à maintenir une certaine distance entre les exploitations, la limitation de la densité d'élevage, la vaccination des smolts, la réduction de l'utilisation d'antibiotiques et la modification de la réglementation relative à l'importation des œufs, afin de la mettre en conformité avec les normes internationales de l'OIE (Organisation mondiale de la santé animale) et d'accroître le niveau de protection sanitaire dans le pays.

En 2011, le volume de production a entamé une reprise et la quantité de poissons transférés dans l'eau de mer est repartie à la hausse en 2010 et 2011. La production devrait revenir au niveau de 2006 entre 2013 et 2015.

Production de saumon de l'Atlantique au Chili, 2000-12

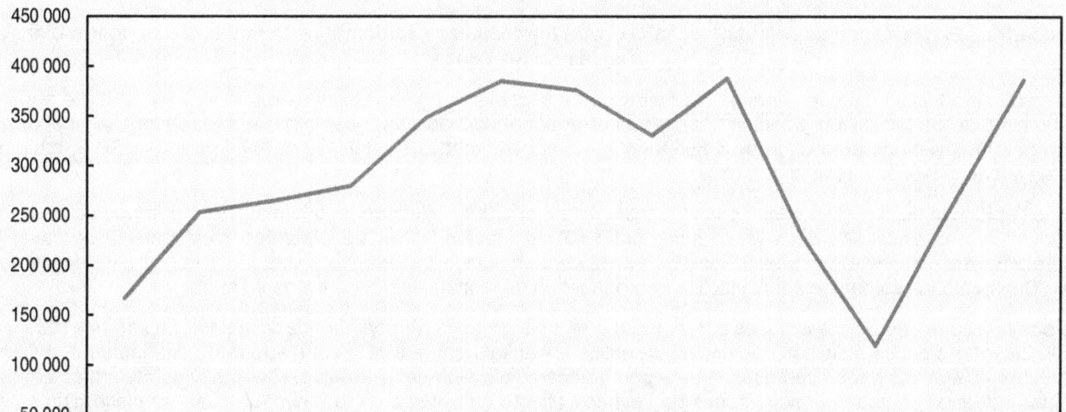

Cette crise a permis de tirer plusieurs enseignements sur ce qu'il convient de faire : 1) mettre en place des programmes de R-D afin de disposer en temps voulu d'informations utilisables pour établir des réglementations et des mesures coercitives efficaces ; 2) concevoir un dispositif de biosécurité englobant toute la chaîne de valeur ; 3) avoir une bonne compréhension de la dynamique à l'œuvre et des capacités biologiques ; 4) créer des programmes permettant une gestion efficace des zones ; 5) diminuer le recours aux traitements médicamenteux ; et 6) maintenir une bonne communication entre les parties prenantes du secteur et les pouvoirs publics.

Source : Gouvernement chilien, Sous-secrétariat pour la pêche et l'aquaculture.

Asche et al. (2010) indiquent que le problème des maladies est toujours présent dans le secteur de l'élevage – toutes filières confondues –, raison pour laquelle la lutte contre les maladies doit faire partie intégrante de l'activité, y compris dans l'aquaculture. De fait, la propagation des maladies a été l'un des principaux sujets de préoccupation évoqués par les délégués lors de l'« Atelier sur la croissance verte et l'aquaculture » qui a eu lieu à Yeosu, en Corée. Ce qui est arrivé au Chili peut se produire partout ailleurs : un développement rapide motivé principalement par un intérêt financier à court terme et non accompagné d'un cadre réglementaire approprié est source de problèmes graves (encadré 3.4). Pour lutter contre les maladies, une bonne gouvernance est très importante. Le règlement des problèmes au cas par cas, au moment où ils apparaissent, à l'aide de traitements allopathiques tels que l'utilisation massive d'antibiotiques est moins efficace qu'un bon dispositif de prévention (OCDE, 2010).

Les mesures de prévention sont notamment l'aménagement de l'espace pour permettre la mise en jachère périodique et la relocalisation des sites d'exploitation, les réglementations visant à maintenir une certaine distance entre les exploitations, la limitation de la densité d'élevage, la vaccination des smolts et la réduction de l'utilisation d'antibiotiques. Ces mesures permettent toutes d'endiguer la propagation des maladies.

L'épidémie d'AIS survenue au Chili en 2007 a causé au secteur de lourdes pertes financières, et entraîné des pertes d'emplois dans les activités d'élevage et de transformation. Le problème a été géré par le gouvernement chilien, en étroite collaboration avec le secteur aquacole, ce qui montre l'utilité pour l'aquaculture d'une approche collaborative à long terme. Suite à la crise de l'AIS, le Chili a fait preuve d'innovation en concevant et en mettant en œuvre des mesures de prévention (encadré 3.4).

Au Sri Lanka, l'épidémie de la maladie des points blancs qui a éclaté en 2004 a elle aussi causé des pertes financières considérables à l'élevage de la crevette tigrée (encadré 3.5). Alors que la plupart des pays asiatiques touchés par l'épidémie ont, pour se prémunir contre sa réapparition, opéré une reconversion dans la crevette à pattes blanches, les producteurs sri-lankais ont conservé l'élevage de la crevette tigrée et pris diverses dispositions (zonage, établissement d'un calendrier des cultures avec participation active des exploitants) pour relancer l'activité.

Encadré 3.5. La relance de l'élevage de la crevette tigrée après l'épidémie de la maladie des points blancs : le cas du Sri Lanka

Depuis son introduction dans les années 80, l'élevage de la crevette tigrée (*Penaeus monodon*) est l'activité aquacole la plus lucrative au Sri Lanka, en particulier dans le nord-ouest et l'est du pays. Cette filière a enregistré des performances record en 2000 avec une production de 4 855 tonnes – soit des recettes en devises de 69.4 millions USD –, mais peu de cas était fait de la biosécurité et la durabilité.

Lorsque l'épidémie de la maladie des points blancs a éclaté en 2004, l'élevage de la crevette a été frappé de plein fouet et la production a diminué des deux tiers (atteignant 1 570 tonnes en 2005). Le problème s'est ensuite aggravé, car la majorité des exploitations s'alimentaient en eau par le canal hollandais et y déversaient leurs rejets. L'utilisation de cette source d'alimentation commune a ainsi facilité la propagation de la maladie d'un élevage à l'autre.

Alors que la plupart des pays asiatiques ont, pour se prémunir contre la réapparition de la maladie, opéré une reconversion dans la crevette à pattes blanches, les pouvoirs publics sri-lankais ont résisté à cette vague de changement, en adoptant des mesures – étayées par un cadre juridique – pour relancer l'élevage de la crevette. Ces mesures étaient notamment les suivantes : division en zones et sous-zones de l'espace affecté à l'élevage de la crevette ; mise en place d'un calendrier des cultures ; création d'une association d'éleveurs dans chaque sous-zone ; mise en place de bonnes pratiques de gestion ; participation active des associations d'éleveurs à la prise de décisions et à la mise en œuvre de mesures de gestion ; réduction des densités d'élevage ; contrôle des écloseries de crevettes et de la qualité des post-larves ; et dépistage de la maladie des points blancs sur les stocks de géniteurs et les post-larves.

Les mesures précitées ont permis de relancer le secteur de l'élevage de la crevette. Le volume de production se situe aux alentours de 3 500-4 500 tonnes et le taux d'occurrence de la maladie est passé de 9.2 % en 2005 à 2.9 % en 2010.

Concurrence pour l'espace

L'aquaculture nécessite de l'espace, sur la terre et dans l'eau. À mesure qu'elle se développe, les sites appropriés se font plus rares et, dans de nombreuses régions, cette contrainte freine la poursuite de la croissance étant donné que le secteur est également en concurrence, pour l'accès à l'espace, avec d'autres activités économiques telles que la pêche, le tourisme, les transports et la production énergétique. Cette concurrence se manifeste non seulement en mer, mais aussi dans les ports et sur la terre ferme, où l'accès aux nappes aquifères est parfois limité et où la capacité de charge des terres ou des masses d'eau peut être épuisée.

Pour régler cette question de la concurrence entre les divers usages de l'espace, il est nécessaire d'intégrer l'aquaculture à une approche globale de l'aménagement de l'espace. Ce dernier peut permettre de déterminer les zones adaptées à la pratique de l'aquaculture et à d'autres activités ; c'est une bonne méthode pour traiter un grand nombre des questions soulevées par le développement de l'aquaculture et pour régler les différends entre les parties prenantes (Díaz, 2010).

S'agissant par ailleurs du souci d'optimisation du bien-être social, l'espace disponible doit être alloué au secteur qui procure le plus d'avantages à la société (Nielsen et al., 2012). Lorsque des réglementations environnementales très strictes sont appliquées au secteur de l'aquaculture, il convient entre autres d'évaluer la contribution sociale de l'activité aquacole et de la comparer avec celle des secteurs concurrents. Cela peut permettre à l'aquaculture de bénéficier de perspectives d'avenir plus prometteuses.

Encadré 3.6. Vers un zonage dans l'aquaculture norvégienne ?

La production de saumon d'élevage en Norvège n'a cessé de croître en l'espace de 40 ans. En 2012, elle s'élevait à 1.25 million de tonnes, soit deux fois plus que seulement six ans auparavant. Sous l'effet de cette croissance, les surfaces allouées à l'élevage du saumon ont elles aussi augmenté, passant de 9 km^2 en 2000 à 59 km^2 en 2011. La tradition voulait cependant que les sites aquacoles soient attribués au cas par cas, ce qui veut dire qu'il n'existait pas de plan directeur pour l'organisation générale des sites. Une organisation viable et efficiente des sites est une étape indispensable pour atténuer les problèmes environnementaux imputables à l'élevage du saumon et favoriser la croissance future. Par ailleurs, l'espace est convoité par plusieurs groupes d'utilisateurs différents (secteur des loisirs, pêche et industrie pétrolière, par exemple), ce qui rend l'accès à de nouveaux sites de plus en plus difficile pour les entreprises d'élevage de saumon.

Pour permettre l'optimisation et la croissance durable du secteur, le gouvernement norvégien s'est intéressé aux possibilités d'organiser l'aquaculture en différentes zones. Un comité de zonage constitué en 2009 a énoncé ses recommandations en 2011. Sa principale proposition était de compartimenter le littoral en zones de production séparées par des corridors. Chacune de ces zones serait ensuite divisée en quatre sous-zones au moins, ce qui permettrait de coordonner le lâchage des smolts et la mise en jachère (principe de rotation). L'idée est que cela limiterait les épidémies et aiderait à mieux gérer et mettre en œuvre les indicateurs environnementaux et les objectifs de durabilité actuels et futurs. Plusieurs problèmes ont été mis en évidence lors des réunions du comité, dont les suivants : 1) données insuffisantes pour établir la cartographie des zones adaptées à la production ; 2) difficultés pour les petits exploitants situés dans une seule ou deux zones ; 3) responsabilité des municipalités concernant les processus d'aménagement de l'espace dans les eaux côtières.

Source : Ministère norvégien de la Pêche et des Activités côtières, 2012.

Compte tenu de la pression croissante qui s'exerce sur les ressources terrestres et maritimes, il est capital d'allouer l'espace de manière réfléchie si l'on veut éviter les conflits et les occasions manquées. Le rapport *Integrated Ocean Management and the Fisheries Sector: Interactions, Economic Tools and Governance Structures*, qui a été examiné lors de la 107e session du COFI, s'intéresse aux solutions à apporter aux problèmes liés aux conflits d'utilisation (Charles, 2011) (encadré 3.6).

Externalités provenant d'autres secteurs

Il peut arriver que l'aquaculture subisse les externalités causées par d'autres secteurs. L'eau étant d'une importance capitale pour l'aquaculture, les autres activités ayant des effets néfastes sur sa qualité ou sa disponibilité peuvent nuire aux activités aquacoles. De fait, certaines activités terrestres ont des répercussions de plus en plus grandes (ruissellement dû à l'agriculture, eaux usées municipales et déchets industriels), altèrent la qualité de l'eau et peuvent avoir un impact négatif sur les élevages aquacoles, que ce soit en mer ou sur la terre ferme. Dans de nombreux pays, le ruissellement dû à l'agriculture est généralement le principal facteur d'eutrophisation (Díaz, 2010).

Il existe dans le monde 415 écosystèmes côtiers eutrophes et hypoxiques, dont 169 systèmes hypoxiques. Les zones les plus sensibles sont notamment le golfe du Mexique, la côte est des États-

Unis, le nord-est de l'Atlantique, le littoral du Royaume-Uni, ainsi que la côte méridionale du Japon et de la Corée (Selman et al., 2010, voir www.wri.org/map/world-hypoxic-and-eutrophic-coastal-areas).

Compte tenu des nombreuses externalités et activités économiques qui entrent en jeu, il n'est pas possible de résoudre le problème en ciblant uniquement l'aquaculture. En revanche, une réglementation coordonnée des externalités entre les différents secteurs peut permettre aux différents acteurs d'internaliser leurs externalités dans leur décision de gestion, et faire en sorte que les meilleures solutions possibles soient trouvées (Nielsen et al., 2012). À titre d'exemple, des permis de rejets transférables pourraient être appliqués à la fois dans les secteurs de l'aquaculture et de l'agriculture. Ce processus ne peut réussir sans un souci de cohérence et une volonté des organismes publics/ministères de coopérer entre eux ainsi qu'avec un large éventail de parties prenantes pour qui la ressource partagée présente un intérêt économique.

S'attaquer à des externalités multiples peut accroître la complexité des dispositifs juridiques et institutionnels. Le principe du guichet unique mis en œuvre en Norvège et dans le Michigan, aux États-Unis, peut permettre d'alléger la procédure administrative en fournissant, via un seul canal, des services concertés et simplifiés (OCDE, 2010a).

En France, le traitement des externalités par la mise en œuvre de dispositifs d'aménagement de l'espace a eu des résultats mitigés (encadré 3.7). Cette expérience montre que l'aménagement de l'espace et la concertation entre les différentes parties prenantes peuvent être plus difficiles qu'il n'y paraît, en particulier lorsque les enjeux sont élevés.

Encadré 3.7. Le traitement des externalités imputables à d'autres secteurs : l'expérience de la France

En France, les principales externalités dont l'aquaculture pâtit à cause d'autres secteurs sont dues à la concurrence pour l'eau (agriculture, élevage, industrie, urbanisation et tourisme) et à la concurrence pour l'espace (urbanisation et tourisme maritime). Le problème des pesticides et autres produits chimiques n'est plus une priorité depuis la mise en œuvre de réglementations strictes à l'échelle nationale et européenne.

Le Bassin d'Arcachon, qui se trouve sur la côte sud-ouest du pays, est une zone d'activités multiples comprenant : un secteur ostréicole enregistrant une production à visée commerciale de 15 000 tonnes par an et la plus grosse production française de naissains ; de l'urbanisation et du tourisme, avec 6 millions de nuitées pendant la saison estivale (l'équivalent de 250 000 habitants, soit trois fois plus que la population habituelle dans la région) ; le mouillage/amarrage de 12 000 bateaux de plaisance ; et une usine à papier – l'une des plus importantes en France – qui utilise la production voisine de pins (sur 1 million d'hectares).

Les principales externalités qui touchent les activités aquacoles sont les suivantes : concurrence pour l'utilisation de la superficie du bassin (15 000 ha à marée haute, mais 5 000 à marée basse) ; risques dus à la pollution urbaine et industrielle ; et l'accès à la mer (accès physique et coût du foncier sur la côte).

Afin de protéger les activités aquacoles contre ces externalités, un document d'aménagement de l'espace marin régional appelé « Schéma de mise en valeur de la mer » (SMVM) a été adopté. Le SMVM du bassin d'Arcachon détermine la vocation des différents secteurs de l'espace maritime et littoral, de manière à établir la compatibilité entre différents usages et certaines mesures de protection. Ce document, élaboré sous la responsabilité de l'État et en concertation étroite avec les différentes parties prenantes, définit les orientations en matière de développement, de protection et d'équipement qui structureront le devenir du Bassin. Il a la même valeur juridique qu'une directive territoriale d'aménagement. Une autre action importante a été la construction d'un grand réservoir circulaire de collecte des eaux usées provenant des communes et de l'usine à papier. Tous ces effluents sont rejetés en pleine mer après traitement.

Contrairement à ce qui s'est passé dans le Bassin d'Arcachon, en Bretagne, le traitement des externalités qui touchaient les exploitations de truite a échoué.

La Bretagne était dans les années 70 la première région française de production de truite, avec un volume de quelque 15 000 tonnes. La production croissante de porcs (14 millions par an) a cependant eu un impact important sur l'élevage des truites. Elle a également eu des répercussions sur la qualité de l'eau dans les zones côtières. La principale difficulté réside dans les 24 000 emplois directs que représente la production porcine.

À ce jour, aucune solution n'a été trouvée et la production de truite a diminué de 40 % en 20 ans. Cette situation aurait pu être évitée si l'on avait conçu un outil d'aménagement du territoire qui détermine la vocation des différents secteurs de l'espace maritime et littoral en définissant la compatibilité entre différents usages et certaines mesures de protection.

Utiliser les ressources naturelles de manière efficiente

L'utilisation de poisson fourrage sauvage en aquaculture

Le secteur de l'aquaculture est celui qui consomme le plus de farine et d'huile de poisson, à savoir plus de 50 % et 80 % – respectivement – de la production mondiale de ces deux denrées (Hasan et Halwart, 2011). En 2006, 37 % environ de la production aquacole mondiale (19.3 Mt) étaient tributaires de la capture de petits pélagiques (Tacon et Metian, 2009). La poursuite de la croissance du secteur va exercer une pression supplémentaire sur la pêche de poissons fourrages servant à la fabrication de farine et d'huile de poisson. Il n'est pas exclu que le développement de l'aquaculture soit entravé par le manque de poisson destiné à la production de farine et d'huile de poisson, en particulier dans le cas des espèces carnivores comme le saumon, ce qui pose un problème majeur. La gestion durable et la préservation de stocks de poissons fourrages étant indispensables, il faut être attentif au risque de surpêche et trouver des aliments nouveaux pour nourrir les poissons d'élevage. Des actions publiques novatrices sont à cet égard d'une importance primordiale.

D'aucuns considèrent que l'utilisation de poisson sauvage pour produire du poisson d'élevage pose des problèmes en matière de sécurité alimentaire et suscite des questionnements sur le plan éthique. Dans la mesure où d'autres aliments tels que les céréales sont de plus en plus utilisés en remplacement de la farine et de l'huile de poisson, les mêmes questions se posent pour ces autres composants de l'alimentation des poissons, à savoir le soja, le colza, etc. L'objectif est de trouver d'autres sources d'alimentation (terrestres ou aquatiques) qui soient gérées de façon durable.

L'optimisme est toutefois autorisé. Le volume total de poisson sauvage transformé en farine et en huile de poisson est resté stable depuis 30 ans, alors que la production aquacole a sensiblement augmenté au cours de la même période (Tacon et Metian, 2009) (graphique 3.3). L'utilisation de farine de poisson dans les aliments composés de l'aquaculture a été moins importante que prévu entre 1997 et 2007 (Welch et al., 2010) (graphique 3.4).

À mesure que le secteur de l'aquaculture poursuivra sa progression, de nouveaux substituts de la farine et de l'huile de poisson seront nécessaires, et pour de nouvelles espèces. Cela signifie qu'il faudra développer les travaux de recherche et d'innovation sur la composition des aliments et améliorer les systèmes d'alimentation (Bostock et al., 2010). Le ratio de conversion alimentaire s'est amélioré pour presque toutes les espèces entre 1995 et 2006 (tableau 3.6). Alors que le transfert de biomasse entre les niveaux trophiques a généralement un rendement d'environ 10 % dans le milieu naturel, il est plus élevé pour toutes les espèces d'élevage recensées dans le tableau. Les progrès sont particulièrement notables dans le cas du saumon après 2006 (graphique 3.5).

Tableau 3.6. Calcul de l'équivalent de poisson fourrage pélagique utilisé par unité de poisson d'élevage de différentes espèces

	1995	2005	2006
Saumon	7.5	5.4	4.9
Truite	6	4.2	3.4
Anguille	5.2	4	3.5
Poissons de mer	3	2.1	2.2
Crevette	1.9	1.7	1.4
Crustacée d'eau douce	1	0.9	0.6
Tilapia	0.9	0.6	0.4
Poisson-chat	0.4	0.6	0.5
Chanos	0.4	0.2	0.2
Carpe ne filtrant pas l'eau	0.2	0.3	0.2
Total des principales espèces	1	0.9	0.7

Source : Tacon, A.G.J., et Metian, M. (2008), « Global Overview on the Use of Fish meal and Fish oil in Industrially Compounded Aquafeeds: Trends and Future Prospects », Aquaculture, vol. 285.

Graphique 3.3. Production mondiale de farine et d'huile de poisson de 1976 à 2006

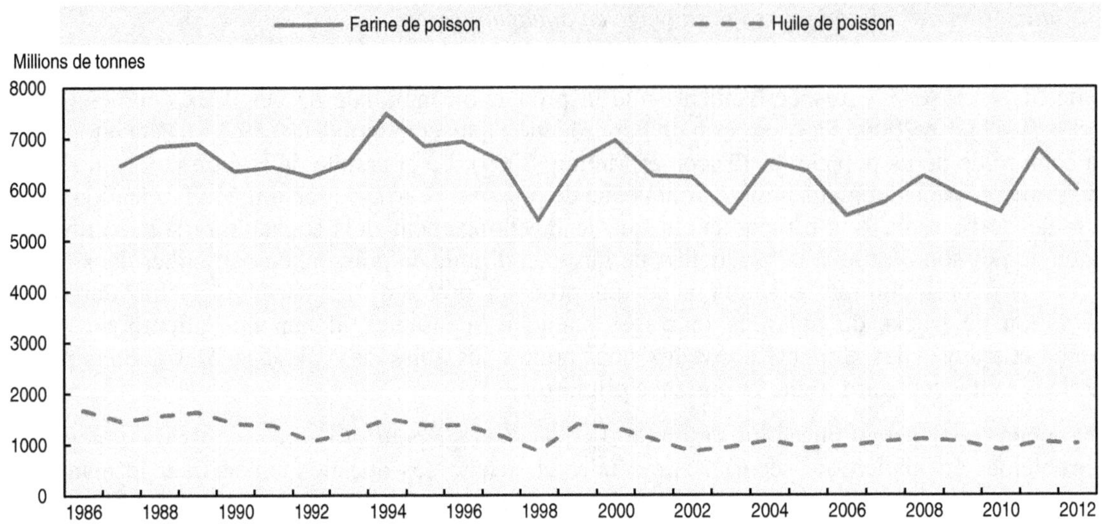

Source : OCDE/FAO (2013), *Perspectives agricoles de l'OCDE et de la FAO 2013*, Éditions OCDE, Paris. http://dx.doi.org/10.1787/agr_outlook-2013-fr.

Graphique 3.4. Consommation de farine de poisson : projections passées et tendances actuelles

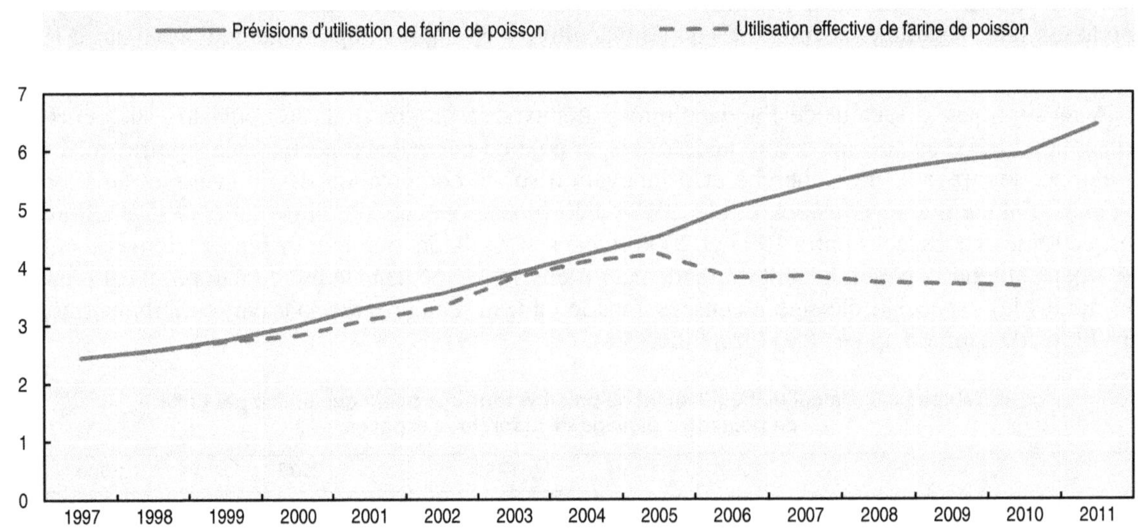

Source : calculs de l'auteur mettant à jour Kristofersson, D., et Anderson , J. L. (2006), « Is there a relationship between fisheries and farming? Inter-dependence of fisheries, animal production and aquaculture », *Marine Policy*, vol. 30, pp. 721-725.

Graphique 3.5. Consommation mondiale de farine et d'huile de poisson dans l'élevage du saumon, avec des projections jusqu'en 2020

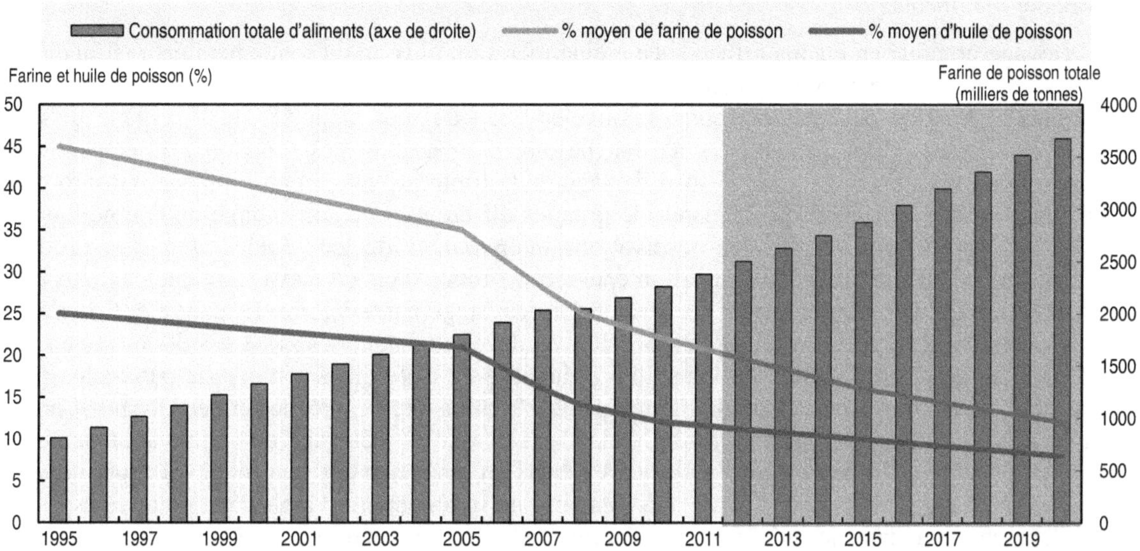

Source : *Tacon* et Metian (repris de Bostock, J., et al. (2010), « Aquaculture: Global Status and Trends », *Philosophical transactions of the Royal Society,* Vol. 365.

Sur le court terme, l'offre d'aliments à base de poisson ne sera probablement pas le facteur qui limitera la croissance de l'aquaculture. La quantité de farine et d'huile de poisson utilisée par unité de poisson produit a diminué, principalement du fait de la volonté du secteur – investissements à l'appui – de leur trouver des substituts, en réaction à la hausse des prix et à la pression sociale en faveur de la durabilité (Bostock et al., 2010). Il faut s'attendre à l'avenir à ce que le secteur aquacole continue à rechercher des méthodes permettant de faire baisser les niveaux de farine et d'huile de poisson utilisés (Welch et al., 2010). Des progrès majeurs ont été réalisés dans ce sens dans le secteur du saumon (graphique 3.5). Par ailleurs, quelque 25 % de la production de farine et d'huile de poisson proviennent aujourd'hui du recyclage de déchets, en l'occurrence les déchets de découpe et les eaux usées résultant du traitement des poissons (Jackson, 2010). Dans la mesure où il est désormais techniquement faisable de produire des espèces carnivores comme le saumon en utilisant de faibles doses de farine et d'huile de poisson, la quantité d'acides gras oméga 3 contenus dans le poisson commence à devenir un enjeu. À terme, deux marchés différents pourraient se créer pour les espèces carnivores : le premier avec des produits de qualité supérieure contenant un taux élevé d'oméga 3 ; le second avec des produits moins coûteux, mais pauvres en acides gras de ce type.

Intensité énergétique de la production aquacole

La consommation d'énergie dans l'aquaculture dépend de nombreux facteurs, dont les méthodes d'élevage (en cage ou dans des systèmes à recyclage ; intensif ou extensif), les espèces élevées (carnivores, herbivores ou espèces n'ayant pas besoin d'être alimentées, telles que les algues et les mollusques), les régions et le mix énergétique. En règle générale, les systèmes à recyclage, les installations d'aquaculture intensive et l'élevage d'espèces carnivores sont plus énergivores que – respectivement – l'élevage en cage, l'aquaculture extensive et les élevages d'espèces herbivores ou n'ayant pas besoin d'être alimentées (par exemple les huîtres et les moules).

Ayer et Tyedmers (2008) ont procédé à des évaluations tout au long du cycle de vie de quatre systèmes différents d'élevage du saumon au Canada, et ont découvert que le schéma de consommation énergétique était très variable selon ces quatre modes de production (tableau 3.7). L'alimentation arrive en tête de la demande d'énergie cumulée (DEC), que ce soit pour les élevages en enclos grillagés traditionnels en pleine mer (87 %) ou en sacs flottants. En revanche, c'est la consommation d'électricité et de carburant qui domine la DEC dans les systèmes ouverts alimentés en eau de mer et les systèmes à recyclage d'eau douce (90 %) – basés à terre dans les deux cas –, alors qu'ils utilisent une quantité équivalente d'aliments.

L'élevage pratiqué en enclos grillagés en pleine mer a un plus grand rendement énergétique que les systèmes en circuit fermé, principalement parce qu'il exploite l'écosystème (c'est-à-dire les courants océaniques et l'action des marées) pour renouveler l'eau de mer, apporter de l'oxygène dissous et évacuer les déchets, alors que les seconds ont besoin, pour assurer ces fonctions, de consommer de l'énergie. Dans le cadre de leur étude sur l'élevage de la truite arc-en-ciel en Finlande, Gronroos et al. (2006) ont constaté eux aussi qu'il existait de grandes différences de consommation énergétique entre les modes de production. L'une des observations intéressantes de leur étude est que la production d'aliments arrive en tête de la consommation énergétique totale dans un élevage en enclos, mais qu'elle n'en représente qu'un cinquième dans les systèmes à recyclage basés à terre. Le coût élevé de l'énergie dans de nombreuses régions est un sérieux obstacle au développement des systèmes d'élevage en circuit fermé. Une étude récente (Étude de faisabilité financière de différentes options de parcs clos pour le secteur de l'aquaculture en Colombie-Britannique, 2010, ministère des Pêches et des Océans, Canada) a conclu que les systèmes en circuit fermé n'étaient pas adaptés à l'élevage du saumon, car leurs coûts d'exploitation élevés (imputables en majorité à l'énergie) les rendaient non viables économiquement. Cela pourrait changer, mais pour l'heure, ces systèmes ne semblent être viables que pour les espèces qui se vendent cher ou dans les régions où l'énergie est très bon marché. L'élevage en circuit fermé comporte néanmoins d'autres avantages sur le plan environnemental, comme une moindre eutrophisation et une limitation des évasions, raison pour laquelle il est important, pour choisir le système idéal, de bien évaluer les coûts environnementaux.

Tableau 3.7. Impacts de la production de quatre systèmes d'aquaculture

Par tonne de poisson vif

	ERA	PRG	PTH	PTM	ACD	EUT	DEC
	(éq. kg Sb)	(éq. kg CO_2)	(éq. kg 1,4-DB)	(éq. kg 1,4-DB)	(éq. kg SO_2)	(éq. kg PO_4)	(MJ)
Enclos grillagés	12.1	2 073	639	822 000	17.9	35.3	26 900
Sacs	13.9	2 250	840	574 000	18.0	31.9	37 300
Systèmes ouverts basés à terre	38.1	5 410	2 570	3 840 000	33.3	31.0	132 000
Systèmes à recyclage basés à terre	72.5	10 300	54 380	6 150 000	63.4	11.6	233 000

Notes : les systèmes totalement clos étudiés sont censés utiliser le mix énergétique moyen du Canada.

ERA = épuisement des ressources abiotiques ; PRG = potentiel de réchauffement global ; PTH = Potentiel de toxicité humaine ; PTM = potentiel de toxicité marine ; ACD = acidification ; EUT = eutrophisation ; DEC = demande d'énergie cumulée.

Source : Ayer, N. W. et Peter H. Tyedmers (2008), « Assessing alternative aquaculture technologies: life cycle assessment of salmonid culture systems in Canada », *Journal of Cleaner Production*, http://dx.doi.org/10.1016/j.jclepro.2008.08.002.

La consommation énergétique peut varier entre les régions pour un même mode de production et une même espèce. Pelletier et al. (2009) ont réalisé une évaluation de l'élevage du saumon (dans des enclos en pleine mer) tout au long du cycle de vie en Norvège, au Royaume-Uni, au Canada et au Chili, et leur constat est qu'il existe de grandes différences entre les pays en ce qui concerne la consommation d'énergie/de matières premières et les impacts environnementaux (tableau 3.8). La production d'aliments a une forte influence sur les résultats de l'ensemble des catégories analysées, puisqu'elle représente par exemple 93 % de la consommation énergétique cumulée au départ de l'exploitation et 94 % des émissions de gaz responsables du réchauffement de la planète et de l'acidification. Bien que les élevages examinés produisent au fond le même produit, d'importantes disparités (de 40 à 80 %) ont été relevées en matière de consommation énergétique sur l'exploitation par rapport à la Norvège, qui présente à cet égard le meilleur rendement. La grande différence constatée en ce qui concerne la consommation énergétique cumulée au départ de l'exploitation peut être attribuée à la fabrication des aliments (différence de 21 à 54 % par rapport à la Norvège) et au ratio de conversion alimentaire (différence de 19 à 35 %). De telles disparités entre les pays pour un même système de production donnent à penser qu'il existe une grande marge d'amélioration, notamment via un approvisionnement efficient en aliments et un meilleur ratio de conversion. On voit aussi que certaines espèces présentent dans certains pays une efficacité considérable au regard des coûts et donc un avantage concurrentiel.

Tableau 3.8. Utilisation d'intrants dans l'élevage de saumon et dans la fabrication d'aliments pour les saumons en Norvège, au Royaume-Uni, au Canada et au Chili, 2007

	Norvège	Royaume-Uni	Canada	Chili
	Intrants par tonne de saumon			
Aliments (t)	1.103	1.331	1.313	1.493
Transport des aliments (t-km)	290.3	321.7	316	298.7
Smolts (kg)	17.4	22.2	16	15
Transport des smolts (t-km)	1.2	3.9	3.2	3
Consommation énergétique totale sur l'exploitation (MJ)	646.8	904	933.7	1199
Émissions de l'exploitation (kg azote/phosphore)	41.1/5.2	58.7/8.5	51.4/13.6	71.3/12.6
	Intrants par tonne d'aliments			
Énergie consommée pour fabriquer les aliments (MJ)	902.6	1 090.1	1 393.2	1 118.7
	Composition des aliments (%)			
Farines/huiles végétales	35.3/6.1	32.3/1.1	43.4/5.1	36.9/5.8
Farines/huiles animales	-	-	16.8/3.1	15.1/0
Farines/huiles de poisson	33.1/25.5	40.5/26.1	20.9/10.7	25.1/17.1

Source : Silverman (2009), « Not all salmon are created equal: life cycle assessment (LCA) of global salmon farming systems », Environmental Science & Technology, vol. 43.

Pour conclure, les possibilités de réduction de la consommation énergétique dans l'aquaculture sont vastes, car il existe de grandes différences au regard de la consommation d'énergie et d'autres critères environnementaux entre les pays, les modes de production et les espèces. Les moyens pour y parvenir sont, par exemple, des innovations dans la composition des aliments et dans les installations aquacoles, la mise en place de bonnes pratiques de gestion de l'alimentation et l'instauration de réglementations plus efficientes et efficaces. L'utilisation dans l'aquaculture de sources d'énergie renouvelables (comme l'énergie solaire ou éolienne) peut aussi offrir à brève échéance des possibilités de croissance verte en matière de consommation énergétique.

Permettre le changement

Gouvernance

L'intervention de gouvernements compétents et leur soutien à l'aquaculture via divers dispositifs sont apparus comme une explication majeure des différences de développement de ce secteur dans sept pays d'Asie du Sud-Est pratiquant l'activité aquacole (Cambodge, Indonésie, Malaisie, Myanmar, Philippines, Thaïlande et Viet Nam). Les capacités des fonctionnaires de l'État se sont également révélées importantes pour le développement réussi de l'aquaculture (Hishamunda et al., 2009). Une étude récente (Fukuyama, 2013) indique que la qualité du travail gouvernemental résulte de l'interaction entre les capacités et l'autonomie ; l'autonomie étant représentée sur l'axe des abscisses, on obtient un U inversé, et à mesure que les capacités des fonctionnaires augmentent, la courbe s'élève vers la droite. Plus les capacités des fonctionnaires se développent et plus leur autonomie peut être accrue, ce qui se traduit par une amélioration de la réactivité, de la flexibilité et de la créativité dans la résolution des problèmes. On voit donc que les investissements dans les ressources humaines et institutionnelles peuvent stimuler la croissance verte, y compris dans l'aquaculture.

Outre sa longue tradition de la culture d'algues pour la consommation humaine, la Corée a investi à titre proactif dans des projets de recherche innovants – menés en collaboration avec les universités – en vue de créer de nouveaux débouchés pour la culture des algues. Depuis 2006, plusieurs projets ont été proposés au niveau national, comme l'utilisation des algues pour réduire les émissions de gaz à effet de serre, pour développer les sources énergétiques biologiques et pour mettre au point des cages à poisson respectueuses de l'environnement (encadré 3.8). L'exemple de ce pays montre comment la vision et l'action gouvernementales peuvent favoriser la croissance verte dans l'aquaculture grâce à des investissements dans la R-D.

Encadré 3.8. La culture d'algues au service de la croissance verte en Corée

Un projet d'une durée de cinq ans a été mis en œuvre en 2006, en vue d'utiliser des algues pour réduire les émissions de gaz à effet de serre (GES). Il a été financé par le ministère des Affaires maritimes et de la Pêche, puis par le ministère de l'Aménagement du territoire, des Transports et des Affaires maritimes de Corée. Étayé par des recherches innovantes sur les algues, il visait à mettre au point de nouvelles méthodes de suivi et de comparaison dans le cadre du MDP (mécanisme pour un développement propre) et des documents descriptifs de projet (DDP) prévus par le Protocole de Kyoto. Parallèlement, des acteurs du projet et l'APPA ont joué un rôle clé pour faire reconnaître à l'échelle internationale que les algues étaient des puits de GES (Kang et al., 2008 ; Chung et al., 2011). La notion de ceinture côtière d'extraction de CO_2 a été adoptée pour désigner des communautés végétales naturelles et/ou créées par l'homme qui sont présentes dans les régions côtières et qui absorbent le CO_2 de la même manière que les forêts. Le principe peut s'appliquer à différentes échelles spatio-temporelles. D'après des estimations de l'augmentation de la biomasse et de la baisse du carbone inorganique dissous dans la colonne d'eau, l'algue brune vivace *Ecklonia* cultivée dans la ferme expérimentale pourrait ainsi absorber une dizaine de tonnes de CO_2 par hectare et par an.

Le projet relatif à la biomasse est dirigé par cinq ministères et bénéficie d'une enveloppe de 178 millions USD. Chaque ministère gère des modules différents, mais l'objectif final est de développer les énergies procurées par la biomasse, de découvrir des biomatériaux et de réduire le CO_2. Le ministère de l'Alimentation, de l'Agriculture, des Forêts et de la Pêche a mis sur pied le « projet de production d'énergie verte à partir de la biomasse des algues », qui vise à trouver un substitut pour 30 % de la consommation d'essence et à créer 40 000 emplois dans ce secteur d'ici à 2020.

Sur la côte Est de la Corée, un projet d'aquaculture multitrophique intégrée (AMI) a donné lieu à la mise en place d'une cage à poissons respectueuse de l'environnement, complétée par une plate-forme d'observation pour les touristes. Cette cage pilote a été construite en 2011 et le projet arrive à échéance en 2013.

Bien que la production aquacole se soit peu développée dans la région de l'UE au cours des dix dernières années, l'aquaculture peut tout de même y être un levier de croissance et de création d'emplois, tant sur le littoral qu'à l'intérieur des terres. La Commission européenne a récemment émis des orientations stratégiques visant à promouvoir le développement de l'aquaculture dans l'UE ; elle a ainsi répertorié les principales difficultés auxquelles est confronté le secteur, de même que les actions publiques permettant d'y remédier (encadré 3.9).

Encadré 3.9. Orientations stratégiques pour le développement durable de l'aquaculture dans l'UE

La Commission européenne, en consultation étroite avec les parties prenantes, a identifié quatre grands défis auxquels doit faire face le secteur et présenté des propositions pour les relever afin de libérer le potentiel de l'aquaculture dans l'UE.

- Simplifier les procédures administratives pour alléger les formalités et réduire les incertitudes. Ainsi, la procédure d'autorisation des exploitations aquacoles dure souvent 2 à 3 ans dans plusieurs États membres de l'UE, alors que le délai moyen a été ramené de 12 à 6 mois en Norvège, depuis la mise en place d'un guichet unique. Le poids de ces procédures (en coûts et en temps) est considérable pour les producteurs, qui sont pour la plupart des PME.
- Instaurer une planification de l'espace coordonnée afin d'assurer à l'aquaculture un développement et une croissance durables. Les plans d'aménagement peuvent contribuer à réduire l'incertitude, à faciliter les investissements, à recenser les sites les plus propices et à prendre en compte les aspects environnementaux.
- Renforcer la compétitivité de l'aquaculture dans l'UE en améliorant l'organisation du marché et en structurant les organisations de producteurs.
- Assurer des conditions équitables aux opérateurs de l'UE en exploitant leurs avantages concurrentiels, à savoir la grande qualité de leurs produits, obtenus dans le respect de normes strictes en matière d'environnement, de santé animale et de protection des consommateurs. Les nouvelles dispositions en matière d'étiquetage et de certification volontaire peuvent contribuer à cet objectif.

Les orientations stratégiques présentent aussi une nouvelle gouvernance pour soutenir l'aquaculture de l'UE :

- Élaboration d'un plan stratégique national pluriannuel sur la base des orientations stratégiques de l'UE pour la promotion de l'aquaculture durable.
- Complémentarité avec le Fonds européen pour les affaires maritimes et la pêche.
- Échange des meilleures pratiques lors de séminaires d'évaluation par les pairs afin de mettre en place un processus d'apprentissage mutuel.
- Création d'un Conseil consultatif de l'aquaculture afin d'utiliser les connaissances et l'expérience de toutes les parties prenantes et d'adopter des décisions sur la base de données factuelles.

Source : Commission européenne (COM(2013)229/final), http://ec.europa.eu/fisheries/cfp/aquaculture/official_documents/com_2013_229_fr.pdf.

Participation des parties prenantes

Une participation active et générale des parties prenantes à la prise de décision, la planification et la gestion est souhaitable pour adopter des mesures plus efficaces et plus réfléchies, ainsi que pour faciliter leur mise en œuvre. Cette participation peut en outre conférer plus de légitimité à l'action gouvernementale et accroître la confiance dans les pouvoirs publics. Elle favorise l'adoption de mesures plus efficaces du fait qu'elle procure des informations et des expériences complémentaires, qu'elle suscite une adhésion et qu'elle réduit l'opposition et les différends entre les acteurs (Sen, 2001). La participation des parties prenantes peut donc renforcer l'efficacité des politiques publiques, améliorer les résultats en ce qui concerne la production et les impacts environnementaux, et rehausser l'image de l'aquaculture dans l'opinion publique.

Si de nombreux pays encouragent la participation des parties prenantes au processus de gestion de l'aquaculture, le niveau de cette participation peut varier. Au Sri Lanka, les éleveurs de crevettes sont activement impliqués, via les organisations d'aquaculteurs, dans la conception et la mise en œuvre du calendrier des cultures, qui permet d'éviter les périodes à haut risque en matière de facteurs de stress, de durabilité de la qualité de l'eau et de qualité des post-larves. Ce processus a non seulement favorisé l'élaboration d'un calendrier plus réaliste – en tenant compte des informations et des expériences associées à chaque site –, mais aussi facilité sa mise en application, en permettant aux exploitants de mieux comprendre le processus et d'y adhérer.

Au Japon, le secteur de l'aquaculture a, jusqu'à la fin des années 1990, accordé la priorité à l'augmentation de la production. L'intensification de l'élevage est ainsi devenue excessive, de même que la consommation d'aliments, d'où des risques pour l'environnement et pour l'économie. L'année 1999 a été marquée par l'adoption de la loi sur la production durable dans l'aquaculture, qui met l'accent sur l'importance du rôle des organisations de pêcheurs et autres associations locales. En vertu de cette loi, les coopératives de pêcheurs sont censées élaborer un « plan d'amélioration des espaces utilisés en aquaculture », et notamment prévoir des mesures visant à prévenir les maladies infectieuses des animaux et des plantes aquatiques. Même si ce plan doit être approuvé par le gouverneur de la préfecture compétente, les coopératives de pêcheurs jouent un grand rôle dans le processus de gestion de l'aquaculture.

Égalité entre les sexes

Les femmes jouent un rôle important dans la pêche et dans l'aquaculture. À l'échelle mondiale, ces activités font vivre 520 millions de personnes, dont un grand nombre de femmes (FAO, 2009 ; WorldFish Center, 2009). Ce sont les femmes qui dispensent le plus souvent les soins de santé, et elles contribuent à la sécurité alimentaire et à la réduction de la pauvreté au sein du foyer. Leur rôle au niveau macroéconomique n'est pas négligeable non plus puisqu'elles représentent 47 % de la main-d'œuvre dans le secteur de la pêche, selon les statistiques et les études de cas disponibles (FAO, Banque mondiale et WorldFish, 2009). Ces chiffres pourraient être plus élevés si l'on incluait les statistiques de l'aquaculture.

Même si les femmes participent davantage aux activités aquacoles qu'aux activités halieutiques, les inégalités entre les sexes restent grandes dans les deux secteurs. Elles sont parfois plus prononcées dans l'aquaculture du fait de la forte implication des femmes dans ce secteur (encadré 3.10).

Encadré 3.10. L'inégalité entre les hommes et les femmes dans le secteur de l'aquaculture

D'après les données disponibles, dans le secteur de l'aquaculture, les femmes participent à toutes les activités de la chaîne de valeur, alors que dans celui de la pêche, c'est en aval de la capture, dans la transformation et dans la commercialisation, qu'elles interviennent le plus. La main-d'œuvre de l'aquaculture, en particulier en Asie, est souvent majoritairement féminine. Les femmes représenteraient 33 % de la main-d'œuvre de l'aquaculture rurale en Chine, et entre 42 et 80 % des effectifs employés pour l'élevage en cage et en eau douce en Indonésie et au Viet Nam. Elles pourraient donc, grâce à leur travail dans l'aquaculture, acquérir une indépendance économique et une émancipation considérables. Dans ce contexte, les programmes de microcrédit mis en place en Asie, par exemple, favorisent l'accès des femmes à l'emploi et aux débouchés économiques.

Les principaux aspects de l'inégalité entre les hommes et les femmes dans les secteurs de la pêche et de l'aquaculture sont les suivants :

- Travail non reconnu, sous-évalué et/ou non rémunéré lorsqu'il est effectué dans un contexte familial ;
- Non-participation aux organes décisionnels ;
- Accès limité au crédit, à la formation, aux installations de stockage et aux nouvelles technologies ;
- Manque d'informations et de données sur les deux sexes.

Les actions suivantes s'imposent pour améliorer l'égalité entre les hommes et les femmes dans l'aquaculture :

- Accorder aux femmes qui travaillent un statut légal/professionnel et des droits ;
- Soutenir l'amélioration du travail des femmes (formation, possibilités de financement) ;
- Développer la recherche sur la problématique homme-femme et l'action gouvernementale ;
- Reconnaître la contribution (directe et indirecte) des femmes à l'économie ;
- Inclure davantage les femmes dans les processus décisionnels.

Source : FAO (2011), « The role of women in agriculture », SOFA Team 2 et C. Doss dans World Fish Center (2009), *Gleaner, fisher, trader, processor: understanding gendered employment in the fisheries and aquaculture sector*, FAO, Rome.

Innovation

Toute stratégie de croissance verte repose pour une part importante sur la promotion de l'innovation. Dans l'idéal, l'innovation peut permettre d'accroître le volume de production en utilisant la même quantité de ressources naturelles, tout en réduisant les effets néfastes sur l'environnement (OCDE, 2011b). On comprend donc pourquoi la plupart des gouvernements mettent en place des incitations à l'innovation, en récompensant les entreprises pour leurs travaux de R-D. Il est courant également que l'État finance la R-D, car les innovations peuvent être sources de nombreux avantages et être considérées comme des biens publics. La majorité des exploitations sont, dans la plupart des pays, de petite taille et manquent souvent de ressources pour se lancer seules dans l'innovation. Une approche sectorielle de l'innovation dans l'aquaculture (par l'intermédiaire des organisations professionnelles, des associations d'aquaculteurs, des laboratoires universitaires spécialisés, etc.), ainsi qu'une stratégie de diffusion des résultats de cette innovation, peuvent avoir des effets bénéfiques considérables. L'intervention des pouvoirs publics peut aussi être nécessaire pour « donner le coup d'envoi » aux innovations.

Les innovations technologiques ont joué un rôle très important dans le développement de différents aspects des activités aquacoles tels que la gestion du cycle de vie, l'alimentation, les installations et la réduction des effets néfastes sur l'environnement, pour n'en citer que quelques-uns. Asche (2008) a décrit de façon synthétique comment les innovations avaient contribué au développement de l'aquaculture : la maîtrise des processus biologiques a permis de mener des recherches systématiques qui ont favorisé l'amélioration de la productivité et ouvert la voie à la spécialisation, d'où les nombreuses innovations qui se sont accélérées dans le secteur. La simple découverte d'un vaccin en 1991 a par exemple réduit les coûts de production de 5 à 10 % et contribué à un recul considérable de l'utilisation d'antibiotiques en Norvège, le volume de production ayant parallèlement été multiplié par plus de 15 (de 47 200 à 744 222 tonnes) entre 1987 et 2007 (graphique 3.6).

Graphique 3.6. Utilisation d'antibiotiques dans le secteur de l'aquaculture en Norvège

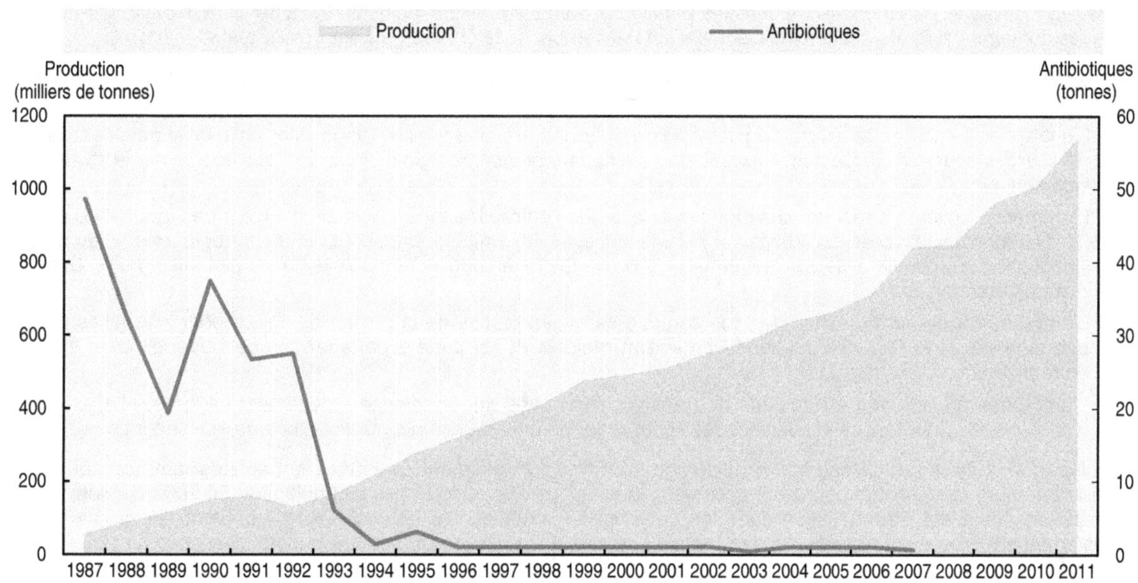

Source : Direction norvégienne de la pêche et Institut national de la santé.

En 2010, un certain nombre d'élevages de truite danois avaient adopté de nouveaux systèmes à recyclage. L'exploitation type la plus moderne recycle au minimum 95 % de son eau, prélève 15 à 25 fois moins d'eau et rejette respectivement 36 %, 62 % et 94 % moins d'azote, de phosphore et de matières organiques que les élevages traditionnels (Jarlbæk et Børresen, 2011). Au Danemark, le principal facteur limitant le développement de l'élevage de truite est le rejet dans les eaux intérieures d'azote et de phosphore. Aussi, pour limiter cette pollution, des procédés/systèmes de purification de l'eau ont été mis au point pour les élevages en eau douce. Les principales raisons qui ont conduit à l'adoption de ces systèmes novateurs sont des réglementations environnementales strictes qui prévoient des conditions rigoureuses concernant l'utilisation des barrages, des quotas en matière d'alimentation, des normes statistiques sur l'azote et le phosphore contenus dans les matières organiques, une concentration minimum d'oxygène dans les eaux rejetées et un plafonnement des prélèvements d'eau (Jarlbæk et Børresen, 2011). D'un côté, ces réglementations strictes ont freiné le développement de l'aquaculture au Danemark, mais, de l'autre, elles ont accéléré l'innovation dans le secteur. Plusieurs initiatives ont été lancées dans le pays pour accroître la production aquacole en général, avec par exemple l'expérimentation de nouveaux concepts de production qui permettent de réduire l'empreinte environnementale.

En Norvège, différentes voies ont été suivies pour réduire les coûts de production dans l'élevage du saumon. L'optimisation des installations ainsi que des équipements de manutention et d'alimentation en est une. Cela dit, les facteurs ayant le plus contribué à la compression des coûts sont le programme d'élevage sélectif1 mis en place dans le pays pour le saumon à partir des années 1970, la réduction du ratio de conversion alimentaire du poisson et la diminution de l'utilisation de farine et d'huile de poisson dans l'alimentation (OCDE, 2010). Les fournisseurs d'intrants et les pouvoirs publics ont joué un rôle important dans ce processus. En Norvège, les producteurs de saumon n'ont jamais eu beaucoup de ressources pour la R-D et étaient, en la matière, tributaires de leurs fournisseurs (encadré 3.11).

Encadré 3.11. Les stratégies innovantes et la croissance verte : le cas de l'élevage du saumon en Norvège

L'élevage du saumon en Norvège enregistre depuis la fin des années 1960 une progression due principalement à l'innovation qui a lieu dans tous les domaines ayant un rapport avec cette activité. D'après une étude de Frank Asche, Kristin Roll et Ragnar Tveterås, il existe un lien direct entre la R-D, l'innovation et la hausse de la productivité dans le secteur norvégien de la salmoniculture, les bons résultats de la R-D se traduisant par des innovations qui stimulent sensiblement la croissance de la productivité (Asche et al., 2012). Les fournisseurs d'intrants et les pouvoirs publics jouent un rôle essentiel dans ce processus. Trois facteurs importants sont associés depuis longtemps à l'augmentation de la productivité : 1) les innovations dans les principaux domaines technologiques, 2) l'amélioration du savoir-faire dans tous les domaines et 3) les économies d'échelle sur l'ensemble de la chaîne de valeur (Asche et al., 2012).

Les exploitations salmonicoles peuvent être classées dans quatre catégories suivant leur stratégie d'innovation (Aslesen, 2007) :

- L'entreprise familiale : structure de petite taille appartenant à une famille, dirigée par celle-ci et possédant peu de ressources pour la R-D. Ce type d'exploitation n'a pas de réelle stratégie d'innovation et s'appuie sur le savoir tiré de l'expérience.
- L'entreprise côtière : structure plus professionnelle que l'entreprise familiale, mais qui n'est pas intéressée par la R-D. Ses principales préoccupations sont l'efficience et la maîtrise des coûts. Sa stratégie relève du rejet de l'innovation puisqu'elle évite volontairement les nouvelles technologies tant qu'elles n'ont pas fait leurs preuves dans d'autres entreprises.
- L'entreprise axée sur la recherche : elle contrôle certaines parties de la chaîne de valeur pour lesquelles il faut en permanence de la R-D. Elle pratique l'innovation radicale et est prête à partager ses découvertes avec les autres entreprises de son créneau.
- L'entreprise appartenant à l'industrie de transformation axée sur la science : totalement intégrée, elle est capable d'utiliser ses compétences et ses capacités pour créer un avantage concurrentiel reposant sur l'innovation.

La plupart des élevages de saumon en Norvège sont traditionnellement de petites entreprises familiales qui doivent passer par leurs fournisseurs pour avoir accès aux innovations et aux nouvelles technologies. En 2007, seules quelques entreprises pouvaient être classées dans les catégories « axée sur la recherche » et « appartenant à l'industrie de transformation axée sur la science ». Un certain nombre d'entre elles adoptaient encore des stratégies opposées à l'innovation.

Dans la mesure où ils n'ont pour la plupart ni les moyens ni les capacités de s'approprier et d'internaliser les bienfaits de leurs activités de R-D, les élevages de saumon ne sont pas incités à investir beaucoup en la matière. La recherche publique – qui a toujours fait partie du système d'innovation de l'élevage du saumon en Norvège – va donc continuer à jouer un grand rôle. Asche et al. (2012) indiquent toutefois que la hausse de la productivité de ce secteur s'est tassée depuis le milieu des années 90, en même temps que la R-D accusait une perte de vitesse. Leur thèse est que les exploitations de saumon elles-mêmes devront peut-être accroître leurs capacités de recherche-développement pour que le secteur produise les innovations – progressives, mais plus particulièrement radicales – qui ont permis autrefois d'accroître la productivité.

Encadré 3.11. Les stratégies innovantes et la croissance verte : le cas de l'élevage du saumon en Norvège (*suite*)

Production de saumon (tonnes) et coût de production par kilo

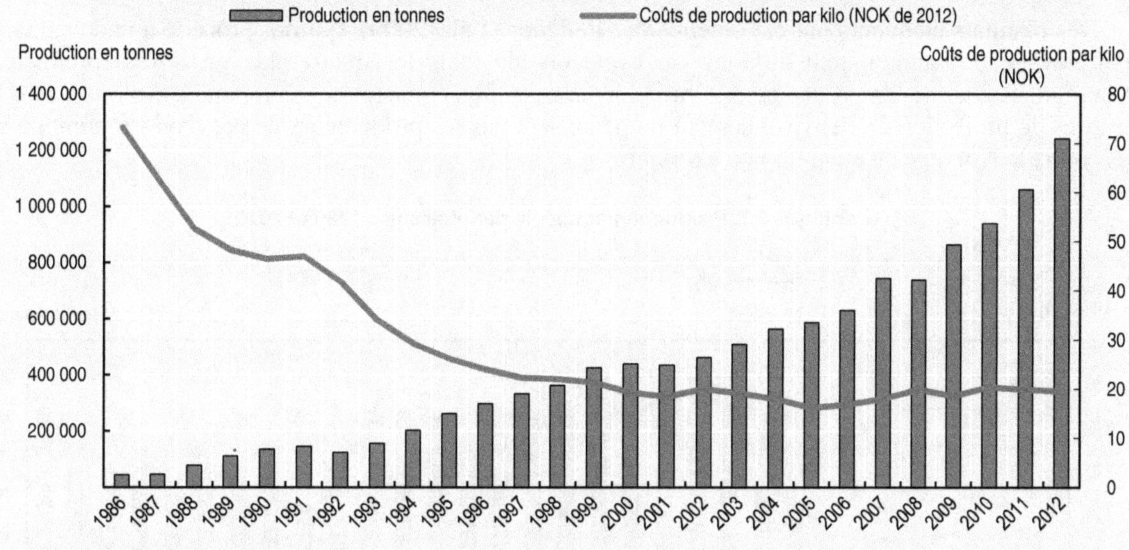

Source : Ministère norvégien de la Pêche et des Activités côtières, 2012.

Obtenir une croissance verte

Un grand nombre de pays ont déjà inclus dans leurs cadres réglementaires des mesures axées sur la croissance verte. On sait toutefois peu de choses sur les effets de ces mesures dans le contexte de l'aquaculture et sur leur influence – négative ou positive – sur la compétitivité du secteur sur le marché mondial du poisson frais et transformé. La moitié environ de la production mondiale de ces denrées donnant lieu à des échanges, la compétitivité du secteur peut constituer un enjeu important. Bien que les informations disponibles soient insuffisantes pour réaliser une analyse approfondie, plusieurs cas nous renseignent sur les effets des politiques de croissance verte sur la compétitivité de l'aquaculture.

Le Danemark a mis en place dans les années 1990 un système de quotas d'aliments spécifiques à chaque exploitation, afin d'empêcher les phénomènes d'eutrophisation et de pollution dus à la production aquacole. La production de l'aquaculture danoise a depuis diminué, passant de 44 730 tonnes (145 millions USD) en 1995 à 39 507 tonnes (136 millions USD) en 2010 (graphique 3.7). La réglementation a été critiquée pour son manque d'efficacité et de souplesse, d'où ses effets médiocres sur le secteur (Nielsen, 2012). La production a connu une augmentation rapide jusqu'en 1990, après quoi elle s'est stabilisée puis a baissé. Comme l'a montré Nielsen (2012), *le remplacement de cette réglementation par des quotas individuels transférables d'azote pourrait accroître la production aquacole danoise de 16 à 55 % et multiplier la rentabilité par cinq à dix, sans faire augmenter le niveau de pollution actuel.* Entrée en vigueur le 15 février 2012, une nouvelle réglementation donne aux aquaculteurs la possibilité d'opter volontairement pour une réglementation fondée sur les rejets (notamment une limite des rejets d'azote) plutôt que pour des quotas d'aliments. Cette modification du cadre réglementaire va probablement rendre le secteur danois d'élevage de la truite plus compétitif. D'autres recommandations visant à encourager une croissance durable sont à l'étude.

La réponse apportée par le Chili à la crise de l'AIS est riche d'enseignements sur les effets des politiques de croissance verte. Cette crise a provoqué une forte baisse de la production de saumon de l'Atlantique, une diminution importante du nombre d'élevages de saumon, et une perte non négligeable d'emplois directs et indirects (Chili, 2012) (graphique 3.9). Bien que la situation ne soit pas revenue à la normale, des signes de reprise et des effets de la politique de croissance verte se font sentir. La production est repartie à la hausse en 2011 et l'on a constaté une baisse de la consommation d'antibiotiques qui, en 2008, était 350 fois plus élevée qu'en Norvège par kilo de saumon produit (Chili, 2012 ; Asche et al., 2010).

Des résultats éloquents ont été obtenus par Pelletier et al. (2009), qui ont procédé à une évaluation de l'élevage de saumon tout au long du cycle de vie dans les quatre plus gros pays producteurs (Norvège, Royaume-Uni, Canada et Chili), et analysé divers facteurs. Leur analyse montre que les mesures de protection de l'environnement ne pénalisent pas les producteurs de ces pays du point de vue des coûts, la Norvège en étant un bon exemple.

Graphique 3.7. Production aquacole danoise entre 1980 et 2010

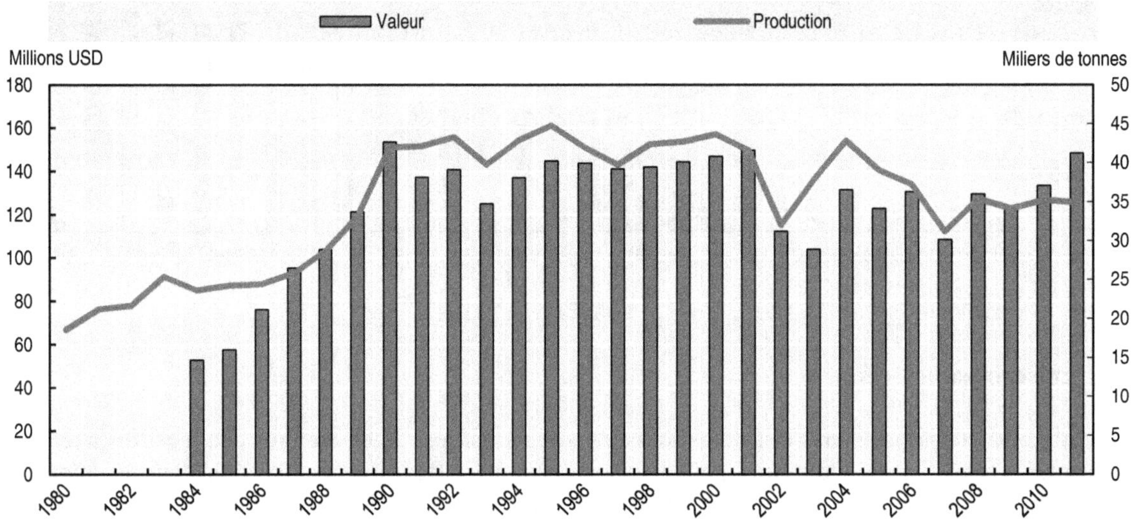

Source : FAO (2014), *Fishery and Aquaculture Statistics. Global production by production source 1950-2012* (FishstatJ). www.fao.org/fishery/statistics/software/fishstatj/en.

Graphique 3.8. Production de saumon de l'Atlantique dans les principaux pays producteurs

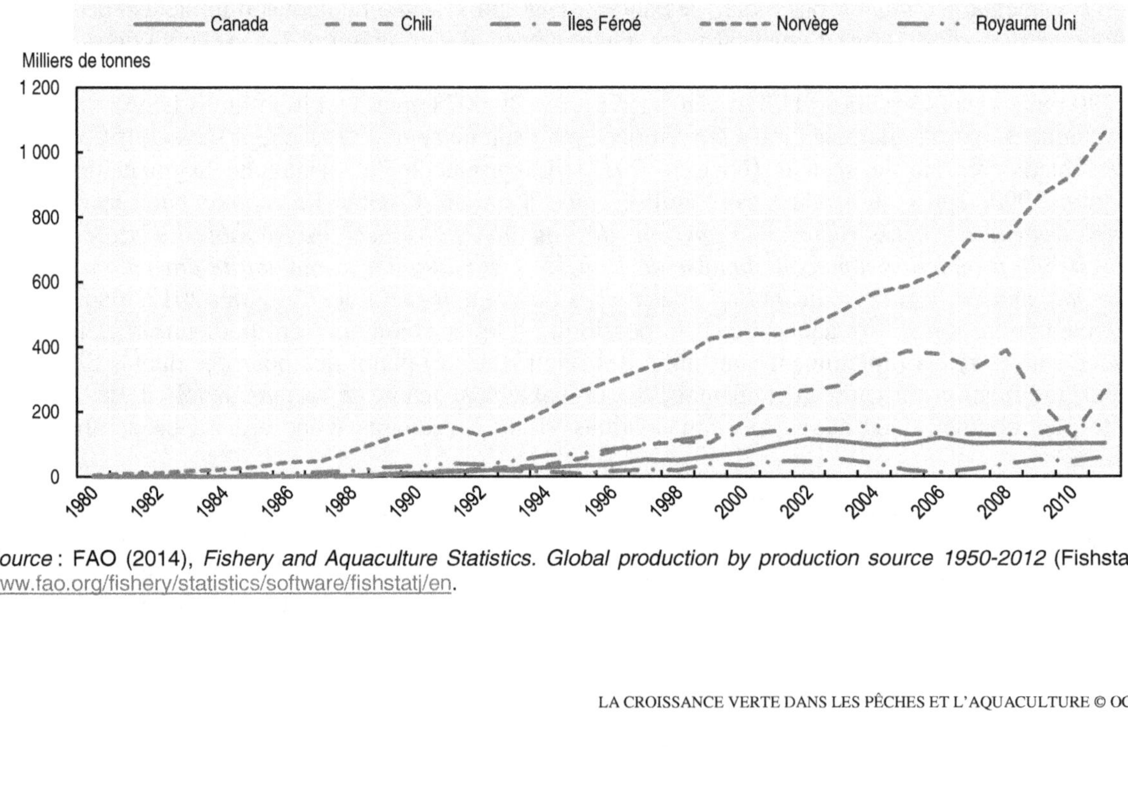

Source : FAO (2014), *Fishery and Aquaculture Statistics. Global production by production source 1950-2012* (FishstatJ). www.fao.org/fishery/statistics/software/fishstatj/en.

Encadré 3.12. Orientations stratégiques pour le développement durable de l'aquaculture dans l'UE

La Commission européenne, en consultation étroite avec les parties prenantes, a identifié quatre grands défis auxquels doit faire face le secteur et présenté des propositions pour les relever afin de libérer le potentiel de l'aquaculture dans l'UE.

- Simplifier les procédures administratives pour alléger les formalités et réduire les incertitudes. Ainsi, la procédure d'autorisation des exploitations aquacoles dure souvent 2 à 3 ans dans plusieurs États membres de l'UE, alors que le délai moyen a été ramené de 12 à 6 mois en Norvège, depuis la mise en place d'un guichet unique. Le poids de ces procédures (en coûts et en temps) est considérable pour les producteurs, qui sont pour la plupart des PME.
- Instaurer une planification de l'espace coordonnée afin d'assurer à l'aquaculture un développement et une croissance durables. Les plans d'aménagement peuvent contribuer à réduire l'incertitude, à faciliter les investissements, à recenser les sites les plus propices et à prendre en compte les aspects environnementaux.
- Renforcer la compétitivité de l'aquaculture dans l'UE en améliorant l'organisation du marché et en structurant les organisations de producteurs.
- Assurer des conditions équitables aux opérateurs de l'UE en exploitant leurs avantages concurrentiels, à savoir la grande qualité de leurs produits, obtenus dans le respect de normes strictes en matière d'environnement, de santé animale et de protection des consommateurs. Les nouvelles dispositions en matière d'étiquetage et de certification volontaire peuvent contribuer à cet objectif.

Les orientations stratégiques présentent aussi une nouvelle gouvernance pour soutenir l'aquaculture de l'UE :

- Élaboration d'un plan stratégique national pluriannuel sur la base des orientations stratégiques de l'UE pour la promotion de l'aquaculture durable.
- Complémentarité avec le Fonds européen pour les affaires maritimes et la pêche.
- Échange des meilleures pratiques lors de séminaires d'évaluation par les pairs afin de mettre en place un processus d'apprentissage mutuel.
- Création d'un Conseil consultatif de l'aquaculture afin d'utiliser les connaissances et l'expérience de toutes les parties prenantes et d'adopter des décisions sur la base de données factuelles.

Source : Commission européenne (COM(2013)229/final), http://ec.europa.eu/fisheries/cfp/aquaculture/official_documents/com_2013_229_fr.pdf.

Comme souligné ci-dessus et ainsi que l'ont démontré les études de cas présentées lors de l'atelier sur l'aquaculture et la croissance verte, organisé en décembre 2012 à Yeosu, en Corée, le potentiel de croissance verte de l'aquaculture est fort. De nombreux pays tentent actuellement de déterminer comment mener leurs réformes réglementaires pour réaliser ce potentiel. Les nouvelles technologies peuvent réduire l'impact environnemental de la production. Certains pays ont introduit avec succès des instruments fondés sur le marché (remplacement des quotas d'aliments par des permis négociables d'émissions azotées, par exemple). De nouvelles innovations continueront d'émerger et les coûts des nouvelles méthodes de production continueront de décroître à mesure que les technologies se perfectionneront. Changer d'approche pour passer d'une réglementation des intrants (quantités d'aliments) ou systèmes de production à une réglementation des effets (émissions et effluents) favorisera l'innovation. Se tourner vers des systèmes d'aquaculture et vers des espèces qui nécessitent moins d'apports alimentaires d'origine animale et autres intrants peut également être un pas vers la croissance verte et, à cet égard, les systèmes intégrés multitrophiques sont prometteurs.

L'aquaculture peut offrir des emplois intéressants en milieu rural et jouit d'un potentiel de croissance supérieur à celui de la pêche. La difficulté pour l'action publique est de réaliser le potentiel du secteur tout en réglant les problèmes inhérents à toute activité nouvelle qui se développe rapidement (encadré 3.12). Les pays pourront s'appuyer sur le cadre décrit dans la Stratégie de l'OCDE pour une croissance verte, qui explique comment mettre en œuvre une gouvernance propice à l'innovation, en évoquant notamment les approches fondées sur le marché qui laissent au secteur privé la primeur de la gestion des externalités environnementales.

Principales conclusions

Les principales conclusions de la présente étude sont les suivantes :

- ***La croissance verte est faisable dans l'aquaculture.*** Il existe des technologies avancées, de bonnes pratiques de gestion, des réglementations et des moyens de gouvernance. Les possibilités de croissance verte dans l'aquaculture sont vastes, car il existe de grandes différences entre les régions, les modes de production et les espèces au regard des impacts environnementaux ainsi que de la productivité.
- ***La croissance verte est importante dans l'aquaculture, non seulement pour accroître la production*** tout en garantissant la préservation de l'environnement, ***mais aussi pour améliorer l'acceptation du secteur par le grand public*** et donc sa compétitivité sur le marché.
- ***La croissance verte dans l'aquaculture est un processus,*** non une fin en soi, et à cet égard, les pays développés comme en développement peuvent apprendre les uns des autres. De nombreux pays en développement ont déjà adopté différentes formes de politiques en la matière.
- ***Le partage à l'échelle internationale des bonnes pratiques dans le processus d'élevage, des politiques publiques ou des dispositifs institutionnels*** peut aider les exploitations et les pays à prendre le chemin de la croissance verte. Une aide particulière peut s'avérer nécessaire pour les pays en développement.
- ***La mise en place de politiques de croissance verte a une incidence sur la situation économique, sociale et environnementale, ainsi que sur la compétitivité du secteur aquacole.*** Elle permet dans certains cas d'abaisser les coûts de production et d'accroître la compétitivité.
- ***Les pouvoirs publics jouent un grand rôle dans la promotion de la croissance verte dans l'aquaculture :*** ils inscrivent l'activité dans un cadre prévisible, assurent l'innovation via la R-D, mettent en place des mesures de biosécurité, incitent à produire en respectant des normes acceptables, etc.
- ***Les externalités environnementales et la concurrence pour l'espace sont des questions clés*** qui doivent être abordées par les responsables de la politique en matière d'aquaculture pour assurer une croissance durable du secteur.
- ***L'amélioration de la réglementation peut être source de croissance.*** S'attaquer efficacement aux externalités est essentiel pour libérer le potentiel de croissance du secteur, en particulier dans les pays de l'OCDE.
- ***L'élevage simultané de mollusques bivalves peut permettre de réduire les émissions d'azote et de phosphore.*** Les initiatives visant à développer le marché des bivalves ainsi produits peuvent contribuer à encourager cette co-culture ; idem pour les découvertes qui permettraient aux producteurs de tirer parti financièrement de l'amélioration de la qualité de l'eau due à l'élevage de bivalves.
- ***L'innovation technologique*** dans tous les aspects de l'aquaculture (domestication de nouvelles espèces, vaccins, composition des aliments, alimentation, équipement et système d'élevage) ***peut favoriser la croissance verte au niveau de la production tout en permettant de relever les défis environnementaux.***
- ***Les innovations en matière institutionnelle et de gouvernance*** peuvent conférer la souplesse et l'adaptabilité nécessaires aux systèmes de gestion.
- ***La participation de l'ensemble des parties prenantes*** peut favoriser la conception de politiques publiques plus réfléchies et plus efficaces, améliorer leur mise en œuvre et inciter à ce qu'elles soient mieux respectées. Dans le contexte de la mondialisation et du développement de

l'aquaculture intensive, la mise en place de mesures appropriées en matière de biosécurité est indispensable pour assurer la croissance durable du secteur. L'introduction d'espèces non indigènes doit également faire l'objet de la plus grande vigilance.

- ***L'aménagement de l'espace*** (par exemple la gestion intégrée des zones côtières) peut permettre de déterminer les zones adaptées à la pratique de l'aquaculture, de réduire l'incertitude, de faciliter l'investissement, de prendre en considération la préservation de l'environnement et d'éviter les différends entre utilisateurs.
- ***La mise en place de politiques de croissance verte*** peut se traduire par une hausse des coûts à court terme pour les producteurs, ***mais par la création d'un avantage concurrentiel sur le long terme,*** notamment grâce à l'information des consommateurs via la certification ou l'étiquetage. Les autorités publiques comme les producteurs privés ont d'ailleurs un rôle important à jouer dans l'amélioration de l'image du secteur aquacole.
- ***Pour les gouvernements et les organisations internationales*** se préoccupant du développement de l'aquaculture, ***il est impératif d'améliorer la qualité des statistiques,*** c'est-à-dire à la fois la fiabilité des données et leur portée.
- Parallèlement à l'amélioration des statistiques, il convient de mettre au point des ***cadres de surveillance et d'évaluation efficaces***, afin de s'assurer que les mesures sont prises et produisent des effets concrets et bénéfiques. Cette démarche sera également utile aux pays où la croissance verte dans l'aquaculture n'en est encore qu'au stade de projet (grâce au partage de l'expérience), et pourra être à l'origine de bonnes pratiques.

Note

1. Selon AquaGen, « Au cours des 40 dernières années, les progrès en matière d'élevage sélectif ont permis :
    - de ramener de 24 à 14 mois la durée nécessaire pour amener un smolt à la taille de récolte,
    - de faire un usage plus efficient de l'alimentation, en utilisant moins d'aliments par kilo produit,
    - d'accroître le taux de survie des animaux (par exemple, leur résistance à la nécrose pancréatique infectieuse (NPI), maladie virale),
    - d'améliorer la qualité de la chair (couleur et teneur en matières grasses) ».

Références

Allison, E.H. (2011), *Aquaculture, pêche, pauvreté et sécurité alimentaire*, OCDE, TAD/FI(2011)2.

Asche, F. (2008), Farming the Sea. *Marine Resource Economics*, Vol. 23(4), pp. 507-527.

Asche, F., H. Hansen et R. Tveteras (2010), « Thalassorama-The Salmon Disease Crisis in Chile », *Marine Resource Economics*. Vol. 24, pp. 405-411.

Asche, F. (2011), *Green Growth in Fisheries and Aquaculture*, Document interne de l'OCDE.

Ayer, N. W. et Peter H. Tyedmers (2008), « Assessing alternative aquaculture technologies: life cycle assessment of salmonid culture systems in Canada », *Journal of Cleaner Production*, http://dx.doi.org/10.1016/j.jclepro.2008.08.002.

Bostock, J., B. McAndrew et al. (2010), « Aquaculture: Global Status and Trends », Philosophical transactions of the royal society, vol. 365, pp. 2897-2912.

Burkholder, J.M. et S.E. Shumway (2011), « Bivalve shellfish aquaculture and eutrophication », in S.E. *Shumway* (dir. pub.).

Charles, A. (2011), "Integrated Ocean Management and the Fisheries Sector: Interactions, Economic Tools and Governance Structures", Document interne de l'OCDE.

Coase, R. (1960), « The Problem of Social Cost », *Journal of Law and Economics*, Vol. 3, pp. 1-44.

Commission européenne (2013), « Orientations stratégiques pour le développement durable de l'aquaculture dans l'Union européenne », (COM(2013)229/final), http://ec.europa.eu/fisheries/cfp/aquaculture/official_documents/com_2013_229_fr.pdf.

FAO (2014), *Fishery and Aquaculture Statistics. Global production by production source 1950-2012* (FishstatJ) in FAO, Département des pêches et de l'aquaculture [en ligne ou sur CD-ROM], Rome, mis à jour en 2014, http://www.fao.org/fishery/statistics/software/fishstatj/en.

FAO (2011), *Collections statistiques mondiales*, Rome, http://www.fao.org/fishery/topic/16140/fr.

FAO (2011), *The Role of Women in Agriculture*, préparé par SOFA team 2 et Cheryl Doss, Rome.

FAO (2010), *La situation mondiale des pêches et de l'aquaculture* 2010, Rome, www.fao.org/docrep/013/i1820f/i1820f00.htm.

FAO (2008), *Glossaire d'aquaculture* (consulté le 1er juin 2011), Rome, www.fao.org/fi/glossary/aquaculture/default.asp.

Ferreira, J.G., Hawkins, A.J., Newton, A., Nickell, T., Pastres, R., Forte, J., Bodoy, A., et Bricker, S B. (2009), « Analysis of coastal and offshore aquaculture: application of the FARMTM model to multiple systems and shellfish species », *Aquaculture,* vol. 289, pp. 32-4.

Fukuyama, F. (2013), « What is Governance? », document de travail 314, Center for Global Development, Washington, www.cgdev.org/sites/default/files/1426906_file_Fukuyama_What_Is_Governance.pdf.

Garcia, S. M., et A. A. Rosenberg (2010), « Food Security and Marine Capture Fisheries: Characteristics, Trends, Drivers and Future Perspectives », *Philosophical transactions of the Royal Society*, Vol. 365, pp. 2869-2880.

Gouvernement chilien, Sous-Secrétariat pour les pêches et l'aquaculture (2012), The Recovery of the Chilean Salmon Industry, Document interne de l'OCDE.

Gren, I., O. Lindahl et M. Lindqvist (2009), « Values of mussel farming for combating eutrophication: An application to the Baltic Sea », *Ecological Engineering*.

Gronroos, J., J. Seppala, F. Silvenius et T. Makinen (2006), « Life cycle assessment of Finnish cultivated rainbow trout », *Boreal Environment Research*, vol. 11, pp. 401-414.

Hall, J. S., A. Delaporte, M.J. Phillips, M. Beveridge et M. O'Keefe (2011), *Blue Frontiers: Managing the Environmental Costs of Aquaculture*, The WorldFish Center, Penang, Malaisie.

Haraldsson, G. (2012), « Croissance verte et gouvernance des pêches », Document interne de l'OCDE.

Hasan, M., et M. Halwart (2009), « Fish as Feed Inputs for Aquaculture-Practice, Sustainability and Implications », Document technique sur les pêches et l'aquaculture de la FAO n° 518, Rome.

Jarlbæk, H. et T. Børresen (2012), « Innovation in Fisheries and Aquaculture Technology as Contributor to a Green Growth Strategy », document interne de l'OCDE.

Jensen, O., T. Dempster, E.B. Thorstad, I. Ulem, A. Fredheim (2010), « Escapees of Fishes from Norwegian Sea-cage Aquaculture: Causes, Consequences and Prevention », *Aquaculture Environment Interactions*, Vol. 1, pp. 71-83.

Kristofersson, D. et J.L. Anderson (2006), « Is there a relationship between fisheries and farming? Inter-dependence of fisheries, animal production and aquaculture », *Marine Policy*, Vol. 30, pp. 721–725.

Lindahl, O. et S. Kollberg (2009), Can the EU Agri-Environmental Aid Program be Extended into the Coastal Zone to Combat Eutrophication?, *Hydrobiologia*, Vol. 629(1), pp. 59-64.

Lindahl, O., R. Hart, B. Hernroth, S. Kollerg, L. Loo, L. Olrog, A. Rehnstam-Holm, J. Svensson, S. Svensson et U. Syversen (2005), « Improving Marine Water Quality by Mussel Farming: A Profitable Solution for Swedish Society », *Ambio*, Vol. 34, n° 2.

Lutz, R. A. (dir. pub.) (1980), Mussel Culture and Harvest: A North American Perspective, *Elsevier Scientific Publishing Company*, Amsterdam.

Ministère norvégien de la Pêche et des Activités côtières (2009), *Strategy for an Environmentally Sustainable Norwegian Aquaculture Industry*, Oslo.

Ministère norvégien de la Pêche et des Activités côtières (2012a), *Moving towards a Zoning Structure in the Norwegian Aquaculture?*, Document interne de l'OCDE.

Ministère norvégien de la Pêche et des Activités côtières (2012b), Innovations Strategies and Green Growth-Norwegian Salmon Farming Case, TAD/FI/RD(2012)2, étude de cas soumise au Comité des pêcheries de l'OCDE.

Nielsen, R. (2012), *Barriers to Sustainable Growth in the Aquaculture Sector: an Economic Analysis*, Thèse de doctorat, Université de Copenhague, Danemark.

Nielsen, M., L. Ravensbeck et R. Nielsen (2012), « Achieving Green Growth through Improved Regulation of Fisheries and Aquaculture », Document interne de l'OCDE.

OCDE/FAO (2013), *Perspectives agricoles de l'OCDE et de la FAO 2013*, Éditions OCDE, Paris, http://dx.doi.org/10.1787/agr_outlook-2013-fr.

OCDE/FAO (2012a), *Perspectives agricoles de l'OCDE et de la FAO 2012*, Éditions OCDE, Paris,
http://dx.doi.org/10.1787/agr_outlook-2012-fr.

OCDE (2012b), « Green growth and aquaculture, Workshop held on 12-13 December 2012, Yeosu, Korea Summary of Discussions/Presentations and Case Studies », Document interne de l'OCDE.

OCDE (2012c), *Vers une croissance verte : suivre les progrès - Les indicateurs de l'OCDE*, Études de l'OCDE sur la croissance verte, Éditions OCDE, Paris, http://dx.doi.org/10.1787/9789264111370-fr.

OCDE (2011a), « Vers une croissance verte – Rapport de synthèse sur la Stratégie pour une croissance verte », Document interne de l'OCDE.

OCDE (2011b), « Rapport de synthèse de la stratégie pour une croissance verte », Paris, Document interne de l'OCDE.

OCDE (2011c), « Projet de compte rendu succinct de la 108e session du Comité des pêcheries, OCDE », Document interne de l'OCDE.

OCDE (2010a), *Advancing the Aquaculture Agenda: Workshop Proceedings*, Éditions OCDE, Paris, http://dx.doi.org/10.1787/9789264088726-en.

OCDE (2010b), « Conditions for Establishing Aquaculture Production Sites in OECD Countries », Document interne de l'OCDE.

OCDE /R. Díaz (2010c), « Agriculture's impact on aquaculture: Hypoxia and eutrophication in marine waters », dans OCDE, *Advancing the Aquaculture Agenda: Workshop Proceedings*, Éditions OCDE, Paris, http://dx.doi.org/10.1787/9789264088726-20-en.

OCDE (2010d), « Norway: Escapes of fish from aquaculture », dans OCDE, *Advancing the Aquaculture Agenda: Workshop Proceedings*, Éditions OCDE, Paris, http://dx.doi.org/10.1787/9789264088726-16-en.

Ostrom, E. (1990), *Governing the Commons: The Evolution of Institutions for Collective Action*, Cambridge University Press, Royaume-Uni.

Pelletier, N., P. Tyedmers, U. Sonesson, A. Scholz, F. Ziegler, A. Flysjo, S. Kruse, B. Cancino et H. Silverman (2009), « Not all salmon are created equal: life cycle assessment (LCA) of global salmon farming systems », *Environmental Science & Technology*, Vol. 43, n° 23.

Peterson, J.K., et L-O. Loo (2004), Miljokonsekvenser of dirking av blamuslinger. Interreg project III-A nr. GS 3041-45-02 « Blaskjellanlegg og nitrogenkvoter », Final report 31.8.2004 (en danois). In S.E. Shumway (dir. pub.).

Selman, M., S. Greenhalgh, R. Díaz et Z. Sugg (2008), « Eutrophication and Hypoxia in Coastal Areas: A Global Assessment of the State of Knowledge », World Resources Institute Policy Note, n° 1, Washington, pp. 1-6.

Sen, S. (2001), « Participation des parties prenantes à l'élaboration des politiques, à la planification et à la gestion », Rapport de la Conférence sur l'aquaculture au troisième millénaire, Bangkok, Thaïlande, 20-25 février 2000, NACA, Bangkok et FAO, Rome.

de Serres, A., F. Murtin et G. Nicoletti (2010), « A Framework for Assessing Green Growth Policies », *Documents de travail du Département des affaires économiques de l'OCDE,* n° 774, Éditions OCDE, http://dx.doi.org/10.1787/5kmfj2xvcmkf-en.

Shumway S. E. (2011). *Shellfish Aquaculture and the Environment*, Wiley-Blackwell, Singapour.

Tacon, A.G.J., et M. Metian (2008), « Global Overview on the Use of Fish meal and Fish oil in Industrially Compounded Aquafeeds: Trends and Future Prospects », *Aquaculture*, Vol. 285, pp. 146-158.

Tacon, A.G.J., et M. Metian (2009), « Fishing for Aquaculture: Non-food use of Small Pelagic Forage Fish-a Global Perspective », *Reviews of Fisheries Science*, Vol. 17, pp. 305-317.

Welch, A. et al. (2010), « From Fishing to the Sustainable Farming of Carnivorous Marine Finfish », *Reviews in Fisheries Science*, Vol. 18, n° 3.

World Fish Center (2009), « Gleaner, fisher, trader, processor: Understanding gendered employment in the fisheries and aquaculture sector », article de N. Weeratunge et C. Snyder pour un atelier FAO-FIDA-BIT (Workshop on Gaps, trends and current research in gender dimensions of agricultural and rural employment: Differentiated pathways out of poverty), Rome, 31 mars- 2 avril.

ORGANISATION DE COOPÉRATION ET DE DÉVELOPPEMENT ÉCONOMIQUES

L'OCDE est un forum unique en son genre où les gouvernements oeuvrent ensemble pour relever les défis économiques, sociaux et environnementaux que pose la mondialisation. L'OCDE est aussi à l'avant-garde des efforts entrepris pour comprendre les évolutions du monde actuel et les préoccupations qu'elles font naître. Elle aide les gouvernements à faire face à des situations nouvelles en examinant des thèmes tels que le gouvernement d'entreprise, l'économie de l'information et les défis posés par le vieillissement de la population. L'Organisation offre aux gouvernements un cadre leur permettant de comparer leurs expériences en matière de politiques, de chercher des réponses à des problèmes communs, d'identifier les bonnes pratiques et de travailler à la coordination des politiques nationales et internationales.

Les pays membres de l'OCDE sont : l'Allemagne, l'Australie, l'Autriche, la Belgique, le Canada, le Chili, la Corée, le Danemark, l'Espagne, l'Estonie, les États-Unis, la Finlande, la France, la Grèce, la Hongrie, l'Irlande, l'Islande, Israël, l'Italie, le Japon, le Luxembourg, le Mexique, la Norvège, la Nouvelle-Zélande, les Pays-Bas, la Pologne, le Portugal, la République slovaque, la République tchèque, le Royaume-Uni, la Slovénie, la Suède, la Suisse et la Turquie. La Commission européenne participe aux travaux de l'OCDE.

Les Éditions OCDE assurent une large diffusion aux travaux de l'Organisation. Ces derniers comprennent les résultats de l'activité de collecte de statistiques, les travaux de recherche menés sur des questions économiques, sociales et environnementales, ainsi que les conventions, les principes directeurs et les modèles développés par les pays membres.

ÉDITIONS OCDE, 2, rue André-Pascal, 75775 PARIS CEDEX 16
(51 2015 03 2 P) ISBN 978-92-64-24838-0 – 2015

www.ingramcontent.com/pod-product-compliance
Lightning Source LLC
LaVergne TN
LVHW080658011026
849160LV00014B/1470
9789264248380